人工智能与计算原理研究

李玥 胡峻 龙晶◎著

中国商务出版社
·北京·

图书在版编目（CIP）数据

人工智能与计算原理研究 / 李玥，胡峻，龙晶著
. -- 北京 : 中国商务出版社，2023.5
ISBN 978-7-5103-4698-9

Ⅰ. ①人… Ⅱ. ①李… ②胡… ③龙… Ⅲ. ①人工智能—研究 Ⅳ. ①TP18

中国国家版本馆CIP数据核字(2023)第098615号

人工智能与计算原理研究

RENGONG ZHINENG YU JISUAN YUANLI YANJIU

李玥　胡峻　龙晶　著

出　　版：中国商务出版社
地　　址：北京市东城区安外东后巷28号　　邮　编：100710
责任部门：外语事业部（010-64283818）
责任编辑：李自满
直销客服：010-64283818
总 发 行：中国商务出版社发行部（010-64208388　64515150）
网购零售：中国商务出版社淘宝店（010-64286917）
网　　址：http://www.cctpress.com
网　　店：https://shop595663922.taobao.com
邮　　箱：347675974@qq.com
印　　刷：北京四海锦诚印刷技术有限公司
开　　本：787毫米×1092毫米　1/16
印　　张：12.75　　字　数：263千字
版　　次：2024年4月第1版　　印　次：2024年4月第1次印刷
书　　号：ISBN 978-7-5103-4698-9
定　　价：70.00元

前　言

人工智能作为研究机器智能和智能机器的一门综合性高技术学科，是计算机科学中备受人们重视和非常具有吸引力的前沿学科，并不断衍生出很多新的研究方向。计算智能属于现代人工智能的一个分支。由于人工智能内容体系复杂、庞大，且各个学派自身存在局限性，因此人工智能的应用发展非常缓慢，而在此基础上，计算智能发展了起来。计算智能是信息科学、生命科学、认知科学等不同学科相互交叉的产物，它在我们生活的许多领域有着广泛的应用，例如，大规模复杂系统优化，科学技术与社会问题优化及控制，以及在计算机网络、机器人，仿生学、智能交通、城市规划等领域的应用。

使计算机程序具有智能、能够模拟人的思维和行为，一直是计算机科学工作者的理想和追求。尽管人工智能的发展道路崎岖不平，一直充满艰辛，但不畏艰难地从事人工智能研究的科学工作者并没有放弃对这个理想的追求；尽管计算机科学其他分支的发展也非常迅猛，并不断涌现新的学科领域，但是当这些学科的发展进一步深化的时候，人们不会忘记这样一个共同的目标：使计算机更加智能化。因此，不同知识背景和专业的人们都密切关注人工智能这门具有崭新思想和实用价值的综合性学科，并正在这个领域中发现某些新思想和新方法。

在看到人工智能与计算智能不断发展的同时，我们应该清楚地认识到探索“智力的形成”是人类面临的困难、复杂的课题之一。摆在人工智能学科面前的任务是艰巨和复杂的，这需要广大的计算机科学工作者不畏艰难，勇于探索，辛勤耕耘，共同开创人工智能发展的美好未来。

本书是对人工智能和智能计算的研究，从人工智能的概念、应用和发展方向对人工智能进行了初步分析，然后对人工智能的基础知识做了较为全面的阐述，并在此基础上引出了人工智能的基础算法原理，然后对智能极端的模糊算法、神经计算和群集智能算法进行了分析探索。本书可为从事人工智能发展研究和智能计算研究的人员提供参考。

由于作者水平所限，书中难免存在不足之处，恳请各位读者批评指正。

目　录

第一章 人工智能概述

第一节 人工智能的基础定义

一、人工智能概述

“智能”源于拉丁语 Legere，字面意思是采集（特别是果实）、收集、汇集，并由此进行选择，形成一个东西。

人工智能也称机器智能，它是计算机科学、控制论、信息论、神经生理学、心理学、语言学等多种学科互相渗透而发展起来的一门综合性学科。人工智能的研究从 20 世纪 50 年代正式开始，1956 年在达特茅斯大学召开的会议上正式使用了“人工智能”（Artificial Intelligence，AI）这个术语。

从计算机应用系统的角度出发，人工智能是研究如何制造智能机器或智能系统，来模拟人类智能活动的能力，以延伸人们智能的科学。如果仅从技术的角度来看，人工智能要解决的问题是如何使电脑表现智能化，使电脑能更灵活有效地为人类服务。只要电脑能够表现出与人类相似的智能行为，就算是达到了目的，而不在乎在这过程中电脑是依靠某种算法还是真正理解了。

人工智能是计算机科学中涉及研究、设计和应用智能机器的一个分支，它的目标是研究怎样用电脑来模仿和执行人脑的某些智力功能，并开发相关的技术产品，建立有关的理论。因此，“人工智能”与计算机软件有密切的关系。一方面，各种人工智能应用系统都要用计算机软件去实现；另一方面，许多聪明的计算机软件也应用了人工智能的理论方法和技术。例如，专家系统软件、机器博弈软件等。但是，“人工智能”不等于“软件”，除了软件以外，还有硬件及其他自动化的通信设备。

二、人工智能的基础定义

人工智能，英文缩写为 AI。它是研究、开发用于模拟、延伸和扩展人的智能的理论、方法、技术及应用系统的一门新的技术科学。

人工智能是计算机科学的一个分支，它企图了解智能的实质，并生产出一种新的能以人类智能相似的方式做出反应的智能机器，该领域的研究包括机器人、语言识别、图像识别、自然语言处理和专家系统等。人工智能从诞生以来，理论和技术日益成熟，应用领域也不断扩大，可以设想，未来人工智能带来的科技产品，将会是人类智慧的“容器”。人工智能可以对人的意识、思维的信息过程进行模拟。人工智能不是人的智能，但能像人那样思考，也可能超过人的智能。

人工智能是一门极富挑战性的科学，从事这项工作的人必须懂得计算机知识、心理学和哲学。人工智能是包括十分广泛的科学，它由不同的领域组成，如机器学习、计算机视觉等，总的来说，人工智能研究的一个主要目标是使机器能够胜任一些通常需要人类智能才能完成的复杂工作，但不同的时代、不同的人对这种“复杂工作”的理解是不同的。

三、人工智能的定义详解

人工智能的定义可以分为两部分，即“人工”和“智能”。“人工”比较好理解，争议性也不大。有时我们会要考虑什么是人力所能及制造的，或者人自身的智能程度有没有高到可以创造人工智能的地步等。但总的来说，“人工系统”就是通常意义上的人工系统。

“智能”涉及其他诸如意识、自我、思维（包括无意识的思维）等问题。人唯一了解的智能是人本身的智能，这是普遍认同的观点。但是我们对我们自身智能的理解都非常有限，对构成人的智能的必要元素也了解有限，所以就很难定义什么是“人工”制造的“智能”了。因此人工智能的研究往往涉及对人的智能本身的研究。其他关于动物或其他人造系统的智能也普遍被认为是人工智能相关的研究课题。

人工智能在计算机领域内得到了愈加广泛的重视，并在机器人、经济政治决策、控制系统、仿真系统中得到应用。

人工智能是研究人类智能活动的规律，构造具有一定智能的人工系统，研究如何让计算机去完成以往需要人的智力才能胜任的工作，也就是研究如何应用计算机的软硬件来模拟人类某些智能行为的基本理论、方法和技术。

人工智能是计算机学科的一个分支，20 世纪 70 年代以来被称为世界三大尖端技术之一（空间技术、能源技术、人工智能）。也被认为是21世纪三大尖端技术（基因工程、纳米科学、人工智能）之一。这是因为近几十年来它获得了迅速的发展，在很多学科领域都获得了广泛应用，并取得了丰硕的成果，人工智能已逐步成为一个独立的分支，无论在理论还是在实践上都已自成系统。

人工智能是研究使计算机来模拟人的某些思维过程和智能行为（如学习、推理、思考、规划等）的学科，主要包括计算机实现智能的原理、制造类似于人脑智能的计算机，使计算机能实现更高层次的应用。人工智能将涉及计算机科学、心理学、哲学和语言学等学科。可以说几乎是自然科学和社会科学的所有学科，其范围已远远超出了计算机科学的范畴，人工智能与思维科学的关系是实践和理论的关系，人工智能是处于思维科学的技术应用层次，是它的一个应用分支。从思维观点看，人工智能不仅限于逻辑思维，要考虑形象思维、灵感思维才能促进人工智能的突破性的发展，数学常被认为是多种学科的基础科学，数学也进入语言、思维领域，人工智能学科也必须借用数学工具，数学不仅在标准逻辑、模糊数学等范围发挥作用，数学进入人工智能学科，它们将互相促进而更快地发展。

四、人工智能的分类

（一）弱人工智能（Artificial Narrow Intelligence，ANI）

弱人工智能是擅长单个方面能力的人工智能。比如，有能战胜象棋世界冠军的人工智能，但是它只会下象棋，你要问它怎样更好地在硬盘上储存数据，它就不知道怎么回答你了。

（二）强人工智能（Artificial General Intelligence，AGI）

人类级别的人工智能。强人工智能是指在各方面都能和人类比肩的人工智能，人类能干的脑力活它都能干。创造强人工智能比创造弱人工智能难得多，我们现在还做不到。强人工智能在进行这些操作时应该和人类一样得心应手。

（三）超人工智能（Artificial Super Intelligence，ASI）

超级智能是在几乎所有领域比最聪明的人类大脑都聪明很多，包括科学创新、通识和社交技能。超人工智能可以是各方面都比人类强一点，也可以是各方面都比人类强万亿倍的。超人工智能也正是人工智能这个话题这么火热的缘故。

第二节 人工智能的应用

一、符号计算

（一）简介

符号计算，又称为代数运算，这是一种智能化的计算，处理的是符号。符号可以代表整数、有理数、实数和复数，也可以代表多项式、函数、集合等。随着计算机的逐渐普及和人工智能的不断发展，出现了很多功能齐全的计算机代数系统软件，其中，Mathematica 和 Maple 是它们的代表，由于它们都是用 C 语言写成的，所以可以在大多数计算机上应用。这些计算机代数系统软件包含着大量的数学知识，计算可以精确到任意位。

（二）符号计算的优点

众所周知，在科学研究中常常涉及两种不同性质的计算问题，科学计算包括数值计算和符号计算两种计算。计算机能够对数值进行一系列运算是人所共知的事，但计算机也能够对含未知量的式子直接进行推导、演算则并不是人人皆知。数值计算和符号计算本来应该是并存的两种计算，是计算的平行的两个部分，决不能厚此薄彼，因此，这两种计算都是一样重要的。利用计算机对一个函数进行求导、积分，这早已成为事实。

在 20 世纪 50 年代第一台电子计算机问世之后，数值计算的问题就得到了较令人满意的解决。而符号计算则一直得不到很好的发展。在数值计算中，计算机处理的对象和得到的结果都是数值，而在符号计算中，计算机处理的数据和得到的结果都是符号。这种符号可以是字母、公式，也可以是数值，但它与纯数值计算在处理方法、处理范围、处理特点等方面有较大的区别。可以说，数值计算是近似计算，而符号计算则是绝对精确的计算。它不容许有舍入误差，从算法上讲，它是数学，它比数值计算用到的数学知识更深更广。

符号计算和数值计算一样，算法也是符号计算的核心。符号计算比数值计算可以继承的数学遗产更为丰富。符号计算和数值计算是两种不同的解决科学和技术发展中问题的计算方法。符号计算可以得到问题精确的完备解，但是计算量大且表达形式庞大；数值计算可以快速地处理很多实际应用中的问题，但是一般只能得到近似的局部解。数值计算在处理病态问题时，收敛往往较慢容易出错。符号计算能给出精确结果，这一特点为用户提供了良好的使用环境，可避免由舍入误差引起的“病态问题”。

二、模式识别

（一）简介

模式识别就是指通过计算机数学技术的方法来研究模式的自动处理和判读。模式可以分成抽象的和具体的两种形式。抽象模式如意识、思想、议论等，属于概念识别研究的范畴，是人工智能的另一研究分支。模式识别包括对语音波形、地震波、心电图、脑电图、图片、照片、文字、符号、生物传感器等对象的具体模式进行辨识和分类。在实际应用中，可以通过计算机实现模式如文字、声音、人物、物体等的自动识别，这是开发智能机器的一个最关键的突破口，也为人类认识自身智能提供线索。计算机识别的显著特点是速度快、准确性和效率高。识别过程与人类的学习过程相似，主要应用有语音识别、指纹识别、遥感图像识别和医学诊断等。语音识别就是使计算机内部存储着人类语言的相关知识信息，能够自动识别出人类的语言。语音识别涉及信号处理、模式识别、概率论和信息论、发声机理和听觉机理、人工智能等多个领域的知识。语音技术已经成为一个具有经济竞争力的新兴高技术产业。指纹识别基本上可分成预处理、特征选择和模式分类三个大的步骤。指纹是人体的一个重要特征，具有唯一性。指纹识别是通过对指纹灰度图像精确计算纹线局部方向进而提取指纹特征信息的理论与算法，应用于身份鉴定的全自动指纹鉴定系统，可用于公安机关刑事侦破的指纹鉴定系统，开创了国内指纹识别系统应用的先河。遥感图像识别可广泛应用于农作物估产、资源勘察、气象预报和军事侦察等。医学诊断主要是将模式识别应用于癌细胞检测、X 射线照片的分析、血液化验、染色体的分析、心电图诊断和脑电图诊断等方面。

（二）模式识别的常用方法

1. 决策理论方法

决策理论方法又称统计方法，是发展较早也比较成熟的一种方法。被识别对象首先数字化，变换为适于计算机处理的数字信息。一个模式常常要用很大的信息量来表示。许多模式识别系统在数字化环节之后还进行预处理，用于除去混入的干扰信息并减少某些变形和失真。随后是进行特征抽取，即从数字化后或预处理后的输入模式中抽取一组特征。所谓特征是选定的一种度量，它对于一般的变形和失真保持不变或几乎不变，并且只含尽可能少的冗余信息。特征抽取过程将输入模式从对象空间映射到特征空间。这时，模式可用特征空间中的一个点或一个特征矢量表示。这种映射不仅压缩了信息量，而且易于分类。

在决策理论方法中，特征抽取占有重要的地位，但尚无通用的理论指导，只能通过分析具体识别对象决定选取何种特征。特征抽取后可进行分类，即从特征空间再映射到决策空间。为此而引入鉴别函数，由特征矢量计算出相应于各类别的鉴别函数值，通过鉴别函数值的比较实行分类。

2. 句法方法

句法方法又称结构方法或语言学方法。其基本思想是把一个模式描述为较简单的子模式的组合，子模式又可描述为更简单的子模式的组合，最终得到一个树形的结构描述，在底层的最简单的子模式称为模式基元。在句法方法中选取基元的问题相当于在决策理论方法中选取特征的问题。通常要求所选的基元能对模式提供一个紧凑的反映其结构关系的描述，又要易于用非句法方法加以抽取。显然，基元本身不应该含有重要的结构信息。模式以一组基元和它们的组合关系来描述，称为模式描述语句，这相当于在语言中，句子和短语用词组合，词用字符组合一样。基元组合成模式的规则，由所谓语法来指定。一旦基元被鉴别，识别过程可通过句法分析进行，即分析给定的模式语句是否符合指定的语法，满足某类语法的即被分入该类。

模式识别方法的选择取决于问题的性质。如果被识别的对象极为复杂，而且包含丰富的结构信息，一般采用句法方法；被识别对象不很复杂或不含明显的结构信息，一般采用决策理论方法。这两种方法不能截然分开，在句法方法中，基元本身就是用决策理论方法抽取的。在应用中，将这两种方法结合起来分别施加于不同的层次，常能收到较好的效果。

3. 统计模式识别

统计模式识别（Statistic Pattern Recognition）的基本原理：有相似性的样本在模式空间中互相接近，并形成“集团”，即“物以类聚”。其分析方法是根据模式测得特征向量，将一个给定的模式归入类中，然后根据模式之间的距离函数来判别分类。

统计模式识别的主要方法有判别函数法、近邻分类法、非线性映射法、特征分析法、主因子分析法等。在统计模式识别中，贝叶斯决策规则从理论上解决了最优分类器的设计问题，但其实施却必须首先解决更困难的概率密度估计问题。BP 神经网络直接从观测数据（训练样本）学习，是更简便有效的方法，因而获得了广泛的应用，但它是一种启发式技术，缺乏指定工程实践的坚实理论基础。统计推断理论研究所取得的突破性成果导致现代统计学习理论——VC 理论的建立，该理论不仅在严格的数学基础上圆满地回答了人工神经网络中出现的理论问题，而且导出了一种新的算法——支持向量机（SVM）。

三、专家系统

（一）简介

专家系统是一种模拟人类专家智能来解决某些领域问题的计算机程序系统，是人工智能研究领域中的一个重要分支，它实现了人工智能从理论研究向实际应用的重大突破。专家系统可以看作一类具有专门知识的计算机智能程序系统，它能运用特定领域中专家提供的专门知识和经验，并采用人工智能中的推理技术来求解和模拟通常由专家才能解决的各种复杂问题。专家系统内部含有大量的专家水平的知识与经验，能够运用人类专家的知识和解决问题的方法进行推理和判断，模拟人类专家的决策过程，来解决该领域的复杂问题。专家系统是人工智能应用研究较活跃和较广泛的应用领域之一，涉及社会的各个方面，各种专家系统已遍布各个专业领域，取得很大的成功。根据专家系统处理的问题的类型，把专家系统分为解释型、诊断型、调试型、维修型、教育型、预测型、规划型、设计型和控制型等九种类型。具体应用就很多了，例如，血液凝结疾病诊断系统、电话电缆维护专家系统、花布图案设计和花布印染专家系统等。

（二）专家系统的构造

专家系统通常由人机交互界面、知识库、推理机、解释器、综合数据库、知识获取六个部分构成。其中，尤以知识库与推理机相互分离而别具特色。专家系统的体系结构随专家系统的类型、功能和规模的不同而有所差异。

1. 人机交互界面

（1）定义

人机交互界面是指人和机器在信息交换和功能上接触或互相影响的领域。或称人机界面或者是人机结合面。信息交换、功能接触和互相影响，是指人和机器的硬接触和软接触，此结合面不仅包括点线面的直接接触，还包括远距离的信息传递与控制的作用空间。人机结合面是专家系统中的中心环节，主要由安全工程学的分支学科安全人机工程学去研究和提出解决的依据，并通过安全工程设备工程学、安全管理工程学及安全系统工程学去研究具体的解决方法。它实现信息的内部形式与人类可以接受形式之间的转换。凡参与人机信息交流的领域都存在着人机界面。大量运用在工业与商业上，简单地区分为“输入”（Input）与“输出”（Output）两种，输入指的是由人来进行机械或设备的操作，如把手、开关、门、指令（命令）的下达或保养维护等，而输出指的是由机械或设备发出来的通知，如故障、警告、操作说明提示等，好的人机接口会帮助使用者更简单、更正确、更迅速地操作机械，也能使机械发挥最大的效能并延长使用寿命，而市面上所指的人机接口则多指在软件人性化的操作接口上。

（2）人机交互界面的设计原则

①以用户为中心的基本设计原则

在系统的设计过程中，设计人员要抓住用户的特征，发现用户的需求。在系统整个开发过程中要不断征求用户的意见，向用户咨询。系统的设计决策要结合用户的工作和应用环境，必须理解用户对系统的要求。最好的方法就是让真实的用户参与开发，这样开发人员就能正确地了解用户的需求和目标，系统就会更加成功。

②顺序原则

即按照处理事件顺序、访问查看顺序（如由整体到单项、由大到小、由上层到下层等）与控制工艺流程等设计监控管理和人机对话主界面及其二级界面。

③功能原则

即按照对象应用环境及场合具体使用功能要求，各种子系统控制类型、不同管理对象的同一界面并行处理要求和多项对话交互的同时性要求等，设计分功能区分多级菜单、分层提示信息和多项对话栏并举的窗口等的人机交互界面，从而使用户易于分辨和掌握交互界面的使用规律和特点，提高其友好性和易操作性。

④一致性原则

包括色彩的一致，操作区域一致，文字的一致。即一方面，界面颜色、形状、字体与国家、国际或行业通用标准相一致；另一方面，界面颜色、形状、字体自成一体，不同设备及其相同设计状态的颜色应保持一致。界面细节美工设计的一致性使运行人员看界面时感到舒适，从而不分散他的注意力。对于新运行人员，或紧急情况下处理问题的运行人员来说，一致性还能减少他们的操作失误。

⑤频率原则

即按照管理对象的对话交互频率高低设计人机界面的层次顺序和对话窗口菜单的显示位置等，提高监控和访问对话频率。

⑥重要性原则

即按照管理对象在控制系统中的重要性和全局性水平，设计人机界面的主次菜单和对话窗口的位置和突显性，从而有助于管理人员把握好控制系统的主次，实施好控制决策的顺序，实现最优调度和管理。

⑦面向对象原则

即按照操作人员的身份特征和工作性质，设计与之相适应和友好的人机界面。根据其工作需要，宜以弹出式窗口显示提示、引导和帮助信息，从而提高用户的交互水平和效率。

人机交互界面，无论是面向现场控制器还是面向上位监控管理，两者是有密切内在联系的，它们监控和管理的现场各对象是相同的，因此，许多现场设备参数在它们之间是共享和相互传递的。人机界面的标准化设计应是未来的发展方向，因为它确实体现了易懂、简单、实用的基本原则，充分表达了以人为本的设计理念。各种工控组态软件和编程工具为制作精美的人机交互界面提供了强大的支持手段，系统越大越复杂越能体现其优越性。

（3）人机交互界面的设计步骤

①创建系统功能的外部模型。设计模型主要是考虑软件的数据结构、总体结构和过程性描述，界面设计一般只作为附属品，只有对用户的情况（包括年龄、性别、心理情况、文化程度、个性、种族背景等）有所了解，才能设计出有效的用户界面；根据终端用户对未来系统的假想（简称系统假想）设计用户模型，最终使之与系统实现后得到的系统映像（系统的外部特征）相吻合，用户才能对系统感到满意并能有效地使用它；建立用户模型时要充分考虑系统假想给出的信息，系统映像必须准确地反映系统的语法和语义信息。总之，只有了解用户、了解任务才能设计出好的人机界面。

②确定为完成此系统功能人和计算机应分别完成的任务。任务分析有两种途径：一种是从实际出发，通过对原有处于手工或半手工状态下的应用系统的剖析，将其映射为在人机界面上执行的一组类似的任务；另一种是通过研究系统的需求规格说明，导出一组与用户模型和系统假想相协调的用户任务。

逐步求精和面向对象分析等技术同样适用于任务分析。逐步求精技术可把任务不断划分为子任务，直至对每个任务的要求都十分清楚；而采用面向对象分析技术可识别出与应用有关的所有客观的对象以及与对象关联的动作。

③考虑界面设计中的典型问题。设计任何一个人机界面，一般必须考虑系统响应时间、用户求助机制、错误信息处理和命令方式四个方面。系统响应时间过长是交互式系统中用户抱怨最多的问题，除了响应时间的绝对长短外，用户对不同命令在响应时间上的差别亦很在意，若过于悬殊用户将难以接受。用户求助机制宜采用集成式，避免叠加式系统导致用户求助某项指南而不得不浏览大量无关信息。错误信息处理必须选用用户明了、含义准确的术语描述，同时还应尽可能提供一些有关错误恢复的建议。此外，显示出错信息时，若再辅以听觉（铃声）、视觉（专用颜色）刺激，则效果更佳。命令方式最好是菜单与键盘命令并存，供用户选用。

④借助 CASE 工具构造界面原型，并真正实现设计模型软件模型一旦确定，即可构造一个软件原型，此时仅有用户界面部分，此原型交用户评审，根据反馈意见修改后再交给

用户评审，直至与用户模型和系统假想一致为止。一般可借助用户界面工具箱（User Interface Toolkits）或用户界面开发系统（User Interface Development Systems）提供的现成的模块或对象创建各种界面基本成分的工作。

⑤人文因素主要包括以下内容：

第一，人机匹配性。用户是人，计算机系统作为人完成任务的工具，应该使计算机和人组成的人机系统很好地匹配工作；如果有矛盾，应该让计算机去适应人，而不是人去适应计算机。

第二，人的固有技能。作为计算机用户的人具有许多固有的技能。对这些能力的分析和综合，有助于对用户所能胜任的，处理人机界面的复杂程度，用户能从界面获得多少知识和帮助，以及所花费的时间做出估计或判断。

第三，人的固有弱点。人具有遗忘、易出错、注意力不集中、情绪不稳定等固有弱点。设计良好的人机界面应尽可能减少用户操作使用时的记忆量，应力求避免可能发生的错误。

第四，用户的知识经验和受教育程度。使用计算机用户的受教育程度，决定了他对计算机系统的知识经验。

第五，用户对系统的期望和态度。

2. 知识库

知识库用来存放专家提供的知识。专家系统的问题求解过程是通过知识库中的知识来模拟专家的思维方式的，因此，知识库是专家系统质量是否优越的关键所在，即知识库中知识的质量和数量决定着专家系统的质量水平。一般来说，专家系统中的知识库与专家系统程序是相互独立的，用户可以通过改变、完善知识库中的知识内容来提高专家系统的性能。

人工智能中的知识表示形式有产生式、框架、语义网络等，而在专家系统中运用得较为普遍的知识是产生式规则。产生式规则以 if…then…的形式出现，就像 basic 等编程语言里的条件语句一样，if 后面跟的是条件（前件），then 后面的是结论（后件），条件与结论均可以通过逻辑运算 and、or、not 进行复合。在这里，产生式规则的理解非常简单：如果前提条件得到满足，就产生相应的动作或结论。

3. 推理机

推理机针对当前问题的条件或已知信息，反复匹配知识库中的规则，获得新的结论，以得到问题求解结果。在这里，推理方式可以有正向和逆向推理两种。

正向链的策略是寻找出前提可以同数据库中的事实或断言相匹配的那些规则，并运用冲突的消除策略，从这些都可满足的规则中挑选出一个执行，从而改变原来数据库的内容。这样反复地进行寻找，直到数据库的事实与目标一致即找到解答，或者到没有规则可以与之匹配时才停止。

逆向链的策略是从选定的目标出发，寻找执行后果可以达到目标的规则；如果这条规则的前提与数据库中的事实相匹配，问题就得到解决；否则把这条规则的前提作为新的子目标，并对新的子目标寻找可以运用的规则，执行逆向序列的前提，直到最后运用的规则的前提可以与数据库中的事实相匹配，或者直到没有规则再可以应用时，系统便以对话形式请求用户回答并输入必需的事实。由此可见，推理机就如同专家解决问题的思维方式，知识库就是通过推理机来实现其价值的。

4. 解释器

解释器（Interpreter），又译为直译器，是一种电脑程序，能够把高级编程语言一行一行直接转译运行。解释器不会一次把整个程序转译出来，只像一位“中间人”，每次运行程序时都要先转成另一种语言再运行，因此解释器的程序运行速度比较缓慢。它每转译一行程序叙述就立刻运行，然后再转译下一行，再运行，如此不停地进行下去，是专家系统内重要的程序运转部分。

5. 综合数据库与知识获取

综合数据库专门用于存储推理过程中所需的原始数据、中间结果和最终结论，往往是作为暂时的存储区。解释器能够根据用户的提问，对结论、求解过程做出说明，因而使专家系统更具有人情味。

知识获取是专家系统知识库是否优越的关键，也是专家系统设计的“瓶颈”问题，通过知识获取，可以扩充和修改知识库中的内容，也可以实现自动学习功能。

四、机器翻译

（一）简介

机器翻译是通过计算机把一种语言转变成另一种语言的过程，又称自动化翻译。机器翻译的主要目标就是要克服人类的语言障碍，推出能够在实际应用的机器翻译系统。机器翻译归根结底还是一个关于知识处理的问题，它涉及的知识面非常广，随着互联网的普及与高速发展，机器翻译有着非常广阔的应用前景。目前，国内的机器翻译软件不下百种，根据这些软件的翻译特点，大致可以分为三大类：词典翻译类、汉化翻译类和专业翻译类。词典类翻译软件代表可以迅速查询英文单词或词组的词义，并提供单词的发音，为用户了解单词或词组含义提供了极大的便利。但总体来说，这些软件翻译的准确率还有待提高。

（二）机器翻译的分类

机译系统可划分为基于规则（Rule-Based）、基于语料库（Corpus-Based）、基于人工神经网络（Neural Machine Translation）三大类。

1. 基于规则的机译系统

（1）词汇型

从美国乔治敦大学的机器翻译试验到20世纪50年代末的系统，基本上属于这一类机器翻译系统。它们的特点是：

①以词汇转换为中心，建立双语词典，翻译时，文句加工的目的在于立即确定相应于原语各个词的译语等价词。

②如果原语的一个词对应于译语的若干个词，机器翻译系统本身并不能决定选择哪一个，而只能把各种可能的选择全都输出。

③语言和程序不分，语法的规则与程序的算法混在一起，算法就是规则。

由于第一类机器翻译系统的上述特点，它的译文质量是极为低劣的，并且，设计这样的系统是一种十分琐碎而繁杂的工作，系统设计成之后没有扩展的余地，修改时牵一发而动全身，给系统的改进造成极大困难。

（2）语法型

研究重点是词法和句法，以上下文无关文法为代表，早期系统大多数都属这一类型。语法型系统包括源文分析机构、源语言到目标语言的转换机构和目标语言生成机构三部分。源文分析机构对输入的源文加以分析，这一分析过程通常又可分为词法分析、语法分析和语义分析。通过上述分析可以得到源文的某种形式的内部表示。转换机构用于实现将相对独立于源文表层表达方式的内部表示转换为与目标语言相对应的内部表示。目标语言生成机构实现从目标语言内部表示到目标语言表层结构的转化。

20世纪60年代以来建立的机器翻译系统绝大部分是这一类机器翻译系统。它们的特点是：

①把句法的研究放在第一位，首先用代码化的结构标志来表示原语文句的结构，再把原语的结构标志转换为译语的结构标志，最后构成译语的输出文句。

②对于多义词必须进行专门的处理，根据上下文关系选择出恰当的词义，不容许把若干个译文词一揽子列出来。

③语法与算法分开，在一定的条件之下，使语法处于一定类别的界限之内，使语法能由给定的算法来计算，并可由这种给定的算法描写为相应的公式，从而不改变算法也能进行语法的变换，这样，语法的编写和修改就可以不考虑算法。

第二类机器翻译系统不论在译文的质量上还是在使用的方便上，都比第一类机器翻译系统大大地前进了一步。

（3）语义型

语义分析的各种理论和方法主要解决形式和逻辑的统一问题。利用系统中的语义切分规则，把输入的源文切分成若干个相关的语义元成分。再根据语义转化规则，如关键词匹配，找出各语义元成分所对应的语义内部表示。系统通过测试各语义元成分之间的关系，建立它们之间的逻辑关系，形成全文的语义表示。处理过程主要通过查语义词典的方法实现。语义表示形式一般为格框架，也可以是概念依存表示形式。最后，机译系统通过对中间语义表示形式的解释，形成相应的译文。

20 世纪 70 年代以来，有些机器翻译者提出了以语义为主的第三类机器翻译系统。引入语义平面之后，就要求在语言描写方面做一些实质性的改变，因为在以句法为主的机器翻译系统中，最小的翻译单位是词，最大的翻译单位是单个的句子，机器翻译的算法只考虑对一个句子的自动加工，而不考虑分属不同句子的词与词之间的联系。第三类机器翻译系统必须超出句子范围来考虑问题，除了义素、词、词组、句子之外，还要研究大于句子的句段和篇章。为了建立第三类机器翻译系统，语言学家要深入研究语义学，数学家要制定语义表示和语义加工的算法，在程序设计方面，也要考虑语义加工的特点。

（4）知识型

目标是给机器配上人类常识，以实现基于理解的翻译系统。知识型机译系统利用庞大的语义知识库，把源文转化为中间语义表示，并利用专业知识和日常知识对其加以提炼，最后把它转化为一种或多种译文输出。

（5）智能型

目标是采用人工智能的最新成果，实现多路径动态选择以及知识库的自动重组技术，对不同句子实施在不同平面上的转换。这样就可以把语法、语义、常识三个平面连成一个有机整体，既可继承传统系统优点，又能实现系统自增长的功能。这一类型的系统以中国科学院计算所开发的 IMT/EC 系统为代表。

2. 基于语料库的机译系统

（1）基于统计的机器翻译

基于统计的机器翻译方法把机器翻译看成是一个信息传输的过程，用一种信道模型对机器翻译进行解释。这种思想认为，源语言句子到目标语言句子的翻译是一个概率问题，任何一个目标语言句子都有可能是任何一个源语言句子的译文，只是概率不同，机器翻译的任务就是找到概率最大的句子。具体方法是将翻译看作对源文通过模型转换为译文的解码过程。因此统计机器翻译又可以分为以下三个问题：模型问题、训练问题、解码问题。所谓模型问题，就是为机器翻译建立概率模型，也就是要定义源语言句子到目标语言句子的翻译概率的计算方法。而训练问题，是要利用语料库来得到这个模型的所有参数。所谓解码问题，则是在已知模型和参数的基础上，对于任何一个输入的源语言句子，去查找概率最大的译文。

另外，限于当时的计算机速度，统计的价值也无从谈起。计算机不论从速度还是从容量方面都有了大幅提高，昔日大型计算机才能完成的工作，今日小型工作站或个人计算机就可以完成了。此外，统计方法在语音识别、文字识别、词典编纂等领域的成功应用也表明这一方法在语言自动处理领域还是很有成效的。

统计机器翻译方法的数学模型有五种词到词的统计模型，称为 IBM 模型 1 到 IBM 模型 5。这五种模型均源自信源-信道模型，采用最大似然法估计参数。由于以前的计算条件限制，无法实现基于大规模数据训练。其后，提出了基于隐马尔可夫模型的统计模型也受到重视，该模型被用来替代 IBM 模型 2。在这时的研究中，统计模型只考虑了词与词之间的线性关系，没有考虑句子的结构。这在两种语言的语序相差较大时效果可能不会太好。如果在考虑语言模型和翻译模型时将句法结构或语义结构考虑进来，应该会得到更好的结果。

基于词的统计机器翻译的性能却由于建模单元过小而受到限制。因此，许多研究者开始转向基于短语的翻译方法，从而诞生了今天广泛采用的最小错误训练方法。

另一个促进统计机器翻译进一步发展的重要发明是自动客观评价方法的出现，为翻译结果提供了自动评价的途径，从而避免了烦琐与昂贵的人工评价。最为重要的评价是 BLEU 评价指标。绝大部分研究者仍然使用 BLEU 作为评价其研究结果的首要标准。

Moses 是维护较好的开源机器翻译软件，由爱丁堡大学研究人员组织开发。其发布使得以往烦琐复杂的处理简单化。

Google 的在线翻译已为人熟知，其背后的技术即为基于统计的机器翻译方法，基本运行原理是通过搜索大量的双语网页内容，将其作为语料库，然后由计算机自动选取最为常见的词与词的对应关系，最后给出翻译结果。不可否认，Google 采用的技术是先进的，但它还是经常闹出各种“翻译笑话”。其原因在于：基于统计的方法需要大规模双语语料，翻译模型、语言模型参数的准确性直接依赖于语料的多少，而翻译质量的高低主要取决于概率模型的好坏和语料库的覆盖能力。基于统计的方法虽然不需要依赖大量知识，直接靠统计结果进行歧义消解处理和译文选择，避开了语言理解的诸多难题，但语料的选择和处理工程量巨大。因此，通用领域的机器翻译系统很少以统计方法为主。

（2）基于实例的机器翻译

与统计方法相同，基于实例的机器翻译方法也是一种基于语料库的方法，其基本思想由日本著名的机器翻译专家长尾真提出，他研究了外语初学者的基本模式，发现初学外语的人总是先记住最基本的英语句子和对应的日语句子，而后做替换练习。参照这个学习过程，他提出了基于实例的机器翻译思想，即不经过深层分析，仅仅通过已有的经验知识，通过类比原理进行翻译。其翻译过程是首先将源语言正确分解为句子，再分解为短语碎片，接着通过类比的方法把这些短语碎片译成目标语言短语，最后把这些短语合并成长句。对于实例方法的系统而言，其主要知识源就是双语对照的实例库，不需要什么字典、语法规则库之类的东西，核心的问题就是通过最大限度的统计，得出双语对照实例库。

基于实例的机器翻译对于相同或相似文本的翻译有非常显著的效果，随着例句库规模的增加，其作用也越来越显著。对于实例库中的已有文本，可以直接获得高质量的翻译结果。对与实例库中存在的实例十分相似的文本，可以通过类比推理，并对翻译结果进行少量的修改，构造出近似的翻译结果。

这种方法在初推之时，得到了很多人的推崇。但一段时间后，问题出现了。由于该方法需要一个很大的语料库作为支撑，语言的实际需求量非常庞大。但受限于语料库规模，基于实例的机器翻译很难达到较高的匹配率，往往只有限定在比较窄的或者专业的领域时，翻译效果才能达到使用要求。因而到目前为止，还很少有机器翻译系统采用纯粹的基于实例的方法，一般都是把基于实例的机器翻译方法作为多翻译引擎中的一个，以提高翻译的正确率。

3. 基于人工神经网络的机译系统

随着深度学习的研究取得较大进展，基于人工神经网络的机器翻译（Neural Machine Translation）逐渐兴起。其技术核心是一个拥有海量节点（神经元）的深度神经网络，可以自动地从语料库中学习翻译知识。一种语言的句子被向量化之后，在网络中层层传递，转化为计算机可以“理解”的表示形式，再经过多层复杂的传导运算，生成另一种语言的译文。实现了“理解语言，生成译文”的翻译方式。这种翻译方法最大的优势在于译文流畅，更加符合语法规范，容易理解。相比之前的翻译技术，质量有“跃进式”的提升。

目前，广泛应用于机器翻译的是长短时记忆（Long Short-Term Memory，LSTM）循环神经网络（Recurrent Neural Network，RNN）。该模型擅长对自然语言建模，把任意长度的句子转化为特定维度的浮点数向量，同时“记住”句子中比较重要的单词，让“记忆”

保存比较长的时间。该模型很好地解决了自然语言句子向量化的难题，对利用计算机来处理自然语言来说具有非常重要的意义，使得计算机对语言的处理不再停留在简单的字面匹配层面，而是进一步深入语义理解的层面。

代表性的研究机构和公司包括加拿大蒙特利尔大学的机器学习实验室，发布了开源的基于神经网络的机器翻译系统 Ground Hog。2015 年，百度发布了融合统计和深度学习方法的在线翻译系统，Google 也在此方面开展了深入研究。

五、问题求解

问题求解，即解决管理活动中由于意外引起的非预期效应或与预期效应之间的偏差。能够求解难题的下棋（如国际象棋）程序的出现，是人工智能发展的一大成就。在下棋程序中应用的推理，如向前看几步，把困难的问题分成一些较容易的子问题等技术，逐渐发展成为搜索和问题归约这类人工智能的基本技术。搜索策略可分为无信息导引的盲目搜索和利用经验知识导引的启发式搜索，它决定着问题求解的推理步骤中使用知识的优先关系。另一种问题的求解程序，是把各种数学公式符号汇编在一起，其性能已达到非常高的水平，并正在被许多科学家和工程师所使用，甚至有些程序还能够用经验来改善其性能。

六、机器学习

（一）简介

机器学习是机器具有智能的重要标志，同时也是机器获取知识的根本途径。有人认为，一个计算机系统如果不具备学习功能，就不能称其为智能系统。机器学习主要研究如何使计算机能够模拟或实现人类的学习功能。机器学习是一个难度较大的研究领域，它与认知科学、神经心理学、逻辑学等学科都有着密切的联系，并对人工智能的其他分支，如专家系统、自然语言理解、自动推理、智能机器人、计算机视觉、计算机听觉等方面，也会起到重要的推动作用。

（二）机器学习的分类

1. 基于学习策略的分类

学习策略是指学习过程中系统所采用的推理策略。一个学习系统总是由学习和环境两部分组成。由环境（如书本或教师）提供信息，学习部分则实现信息转换，用能够理解的形式记忆下来，并从中获取有用的信息。在学习过程中，学生（学习部分）使用的推理越少，他对教师（环境）的依赖就越大，教师的负担也就越重。学习策略的分类标准就是根据学生实现信息转换所需的推理多少和难易程度来分类的，依从简单到复杂、从少到多的次序分为以下六种基本类型：

（1）机械学习（Rote Learning）

学习者无须任何推理或其他的知识转换，直接汲取环境所提供的信息。如塞缪尔的跳棋程序、纽厄尔和西蒙的 LT 系统。这类学习系统主要考虑的是如何索引存贮的知识并加以利用。系统的学习方法是直接通过事先编好、构造好的程序来学习，学习者不做任何工作，或者是通过直接接收既定的事实和数据进行学习，对输入信息不做任何的推理。

（2）示教学习（Learning from Instruction）

学生从环境（教师或其他信息源如教科书等）获取信息，把知识转换成内部可使用的表示形式，并将新的知识和原有知识有机地结合为一体。所以要求学生有一定程度的推理能力，但环境仍要做大量的工作。教师以某种形式提出和组织知识，以使学生拥有的知识可以不断地增加。这种学习方法和人类社会的学校教学方式相似，学习的任务就是建立一个系统，使它能接受教导和建议，并有效地存贮和应用学到的知识。不少专家系统在建立知识库时使用这种方法去实现知识获取。

（3）演绎学习（Learning by Deduction）

学生所用的推理形式为演绎推理。推理从公理出发，经过逻辑变换推导出结论。这种推理是“保真”变换和特化（Specialization）的过程，使学生在推理过程中可以获取有用的知识。这种学习方法包含宏操作（Macro－operation）学习、知识编辑和组块（Chunking）技术。演绎推理的逆过程是归纳推理。

（4）类比学习（Learning by Analogy）

利用两个不同领域（源域、目标域）中的知识相似性，可以通过类比，从源域的知识（包括相似的特征和其他性质）推导出目标域的相应知识，从而实现学习。类比学习系统可以使一个已有的计算机应用系统转变为适应于新的领域，来完成原先没有设计的相类似的功能。

类比学习需要比上述三种学习方式更多的推理。它一般要求先从知识源（源域）中检索出可用的知识，再将其转换成新的形式，用到新的状况（目标域）中去。类比学习在人类科学技术发展史上起着重要作用，许多科学发现就是通过类比得到的。例如，著名的卢瑟福类比就是通过将原子结构（目标域）同太阳系（源域）做类比，揭示了原子结构的奥秘。

（5）基于解释的学习（Explanation-based Learning）

学生根据教师提供的目标概念、该概念的一个例子、领域理论及可操作准则，首先构造一个解释来说明为什么该例子满足目标概念，然后将解释推广为目标概念的一个满足可操作准则的充分条件。基于解释的学习已被广泛应用于知识库求精和改善系统的性能。

（6）归纳学习（Learning from Induction）

归纳学习是由教师或环境提供某概念的一些实例或反例，让学生通过归纳推理得出该概念的一般描述。这种学习的推理工作量远多于示教学习和演绎学习，因为环境并不提供一般性概念描述（如公理）。从某种程度上来说，归纳学习的推理量也比类比学习大，因为没有一个类似的概念可以作为源概念加以取用。归纳学习是最基本的、发展也较为成熟的学习方法，在人工智能领域中已经得到广泛的研究和应用。

2. 基于所获取知识的表示形式分类

学习系统获取的知识可能有行为规则、物理对象的描述、问题求解策略、各种分类及其他用于任务实现的知识类型。对于学习中获取的知识，主要有以下表示形式：

（1）代数表达式参数

学习的目标是调节一个固定函数形式的代数表达式参数或系数来达到一个理想的性能。

（2）决策树

用决策树来划分物体的类属，树中每一内部节点对应一个物体属性，而每一边对应于这些属性的可选值，树的叶节点则对应于物体的每个基本分类。

（3）形式文法

在识别一个特定语言的学习中，通过对该语言的一系列表达式进行归纳，形成该语言的形式文法。

（4）产生式规则

产生式规则表示为条件-动作对，已被广泛地使用。学习系统中的学习行为主要是生成、泛化、特化或合成产生式规则。

（5）形式逻辑表达式

形式逻辑表达式的基本成分是命题、谓词、变量、约束变量范围的语句，以及嵌入的逻辑表达式。

（6）图和网络

有的系统采用图匹配和图转换方案来有效地比较和索引知识。

(7) 框架和模式（Schema）

每个框架包含一组槽，用于描述事物（概念和个体）的各个方面。

(8) 计算机程序和其他的过程编码

获取这种形式的知识，目的在于取得一种能实现特定过程的能力，而不是为了推断该过程的内部结构。

(9) 神经网络

这主要用在联结学习中。通过学习所获取的知识，最后归纳为一个神经网络。

(10) 多种表示形式的组合

有时一个学习系统中获取的知识需要综合应用上述几种知识表示形式。

根据表示的精细程度，可将知识表示形式分为两大类：泛化程度高的粗粒度符号表示、泛化程度低的精粒度亚符号（Sub-symbolic）表示。像决策树、形式文法、产生式规则、形式逻辑表达式、框架和模式等属于符号表示类；而代数表达式参数、图和网络、神经网络等则属亚符号表示类。

3. 按应用领域分类

最主要的应用领域有专家系统、认知模拟、规划和问题求解、数据挖掘、网络信息服务、图像识别、故障诊断、自然语言理解、机器人和博弈等领域。从机器学习的执行部分所反映的任务类型上看，大部分的应用研究领域基本上集中于以下两个范畴：分类和问题求解。

(1) 分类任务要求系统依据已知的分类知识对输入的未知模式（该模式的描述）做分析，以确定输入模式的类属。相应的学习目标就是学习用于分类的准则（如分类规则）。

(2) 问题求解任务要求对于给定的目标状态，寻找一个将当前状态转换为目标状态的动作序列；机器学习在这一领域的研究工作大部分集中于通过学习来获取能提高问题求解效率的知识（如搜索控制知识、启发式知识等）。

4. 综合分类

综合考虑各种学习方法出现的历史渊源、知识表示、推理策略、结果评估的相似性、研究人员交流的相对集中性以及应用领域等诸因素，将机器学习方法分为以下六类：

(1) 经验性归纳学习

经验性归纳学习采用一些数据密集的经验方法（如版本空间法、ID3 法、定律发现方法）对例子进行归纳学习。其例子和学习结果一般都采用属性、谓词、关系等符号表示。它相当于基于学习策略分类中的归纳学习，但扣除联结学习、遗传算法、增强学习的部分。

（2）分析学习

分析学习方法是从一个或少数几个实例出发，运用领域知识进行分析。其主要特征为：

①推理策略主要是演绎，而非归纳。

②使用过去的问题求解经验（实例）指导新的问题求解，或产生能更有效地运用领域知识的搜索控制规则。

③分析学习的目标是改善系统的性能，而不是新的概念描述。分析学习包括应用解释学习、演绎学习、多级结构组块及宏操作学习等技术。

（3）类比学习

它相当于基于学习策略分类中的类比学习。在这一类型的学习中比较引人注目的研究是通过与过去经历的具体事例做类比来学习，称为基于范例的学习，或简称范例学习。

（4）遗传算法

遗传算法模拟生物繁殖的突变、交换和达尔文的自然选择（在每一生态环境中适者生存）。它把问题可能的解编码为一个向量，称为个体，向量的每一个元素称为基因，并利用目标函数（相应于自然选择标准）对群体（个体的集合）中的每一个个体进行评价，根据评价值（适应度）对个体进行选择、交换、变异等遗传操作，从而得到新的群体。遗传算法适用于非常复杂和困难的环境，比如，带有大量噪声和无关数据、事物不断更新、问题目标不能明显和精确地定义，以及通过很长的执行过程才能确定当前行为的价值等。同神经网络一样，遗传算法的研究已经发展为人工智能的一个独立分支。

（5）联结学习

典型的联结模型实现为人工神经网络，其由被称为神经元的一些简单计算单元以及单元间的加权联结组成。

（6）增强学习

增强学习的特点是通过与环境的试探性交互来确定和优化动作的选择，以实现所谓的序列决策任务。在这种任务中，学习机制通过选择并执行动作，导致系统状态的变化，并有可能得到某种强化信号（立即回报），从而实现与环境的交互。强化信号就是对系统行为的一种标量化的奖惩。系统学习的目标是寻找一个合适的动作选择策略，即在任一给定的状态下选择哪种动作的方法，使产生的动作序列可获得某种最优的结果（如累计立即回报最大）。

在综合分类中，经验归纳学习、遗传算法、联结学习和增强学习均属于归纳学习，其中，经验归纳学习采用符号表示方式，而遗传算法、联结学习和增强学习则采用亚符号表示方式；分析学习属于演绎学习。

实际上，类比策略可看成是归纳和演绎策略的综合。因而最基本的学习策略只有归纳和演绎。

从学习内容的角度来看，采用归纳策略的学习由于是对输入进行归纳，所学习的知识显然超过原有系统知识库所能蕴含的范围，所学结果改变了系统的知识演绎闭包，因而这种类型的学习又可称为知识级学习；而采用演绎策略的学习尽管所学的知识能提高系统的效率，但仍能被原有系统的知识库所蕴含，即所学的知识未能改变系统的演绎闭包，因而这种类型的学习又被称为符号级学习。

七、逻辑推理与定理证明

逻辑推理是人工智能研究中持久的领域之一，其中，特别重要的是要找到一些方法，只把注意力集中在一个大型的数据库中的有关事实上，留意可信的证明，并在出现新信息时适时修正这些证明。医疗诊断和信息检索都可以和定理证明问题一样加以形式化。因此，在人工智能方法的研究中，定理证明是一个极其重要的论题。

八、自然语言处理

（一）简介

自然语言的处理是人工智能技术应用于实际领域的典型范例，经过多年艰苦努力，这一领域已获得了大量令人瞩目的成果。目前，该领域的主要课题是，计算机系统如何以主题和对话情境为基础，注重大量的常识世界知识和期望作用，生成和理解自然语言。这是一个极其复杂的编码和解码问题。

（二）详细介绍

语言是人类区别其他动物的本质特性。在所有生物中，只有人类才具有语言能力。人类的多种智能都与语言有着密切的关系。人类的逻辑思维以语言为形式，人类的绝大部分知识也是以语言文字的形式记载和留传下来的。因而，它也是人工智能的一个重要甚至核心部分。

用自然语言与计算机进行通信，这是人们长期以来所追求的。因为它既有明显的实际意义，同时也有重要的理论意义：人们可以用自己最习惯的语言来使用计算机，而无须再花大量的时间和精力去学习不很自然和习惯的各种计算机语言；人们也可通过它进一步了解人类的语言能力和智能的机制。

实现人机间自然语言通信意味着要使计算机既能理解自然语言文本的意义，也能以自然语言文本来表达给定的意图、思想等。前者称为自然语言理解，后者称为自然语言生成。因此，自然语言处理大体包括了自然语言理解和自然语言生成两个部分。历史上对自然语言理解研究得较多，而对自然语言生成研究得较少。但这种状况已有所改变。

无论实现自然语言理解，还是自然语言生成，都远不如人们想象的那么简单，而是十分困难的。从现有的理论和技术现状看，通用的、高质量的自然语言处理系统，仍然是较长期的努力目标，但是针对一定应用，具有相当自然语言处理能力的实用系统已经出现，有些已商品化，甚至开始产业化。典型的例子有多语种数据库和专家系统的自然语言接口、各种机器翻译系统、全文信息检索系统、自动文摘系统等。

自然语言处理，即实现人机间自然语言通信，或实现自然语言理解和自然语言生成是十分困难的。造成困难的根本原因是自然语言文本和对话的各个层次上广泛存在的各种各样的歧义性或多义性（Ambiguity）。

一个中文文本从形式上看是由汉字（包括标点符号等）组成的一个字符串。由字可组成词，由词可组成词组，由词组可组成句子，进而由一些句子组成段、节、章、篇。无论在上述的各种层次：字（符）、词、词组、句子、段……还是在下一层次向上一层次转变中都存在着歧义和多义现象，即形式上一样的一段字符串，在不同的场景或不同的语境下，可以理解成不同的词串、词组串等，并有不同的意义。一般情况下，它们中的大多数都是可以根据相应的语境和场景的规定而得到解决的。也就是说，从总体上说，并不存在歧义。这也就是我们平时并不感到自然语言歧义和能用自然语言进行正确交流的原因。但是，我们也看到，为了消解歧义，是需要大量的知识和进行推理的。如何将这些知识较完整地加以收集和整理出来？又如何找到合适的形式，将它们存入计算机系统中去？以及如何有效地利用它们来消除歧义，都是工作量极大且十分困难的工作。这不是少数人短时间内可以完成的，还有待长期的、系统的工作。一个中文文本或一个汉字（含标点符号等）串可能有多个含义。它是自然语言理解中的主要困难和障碍。反过来，一个相同或相近的意义同样可以用多个中文文本或多个汉字串来表示。

因此，自然语言的形式（字符串）与其意义之间是一种多对多的关系。其实这也正是自然语言的魅力所在。但从计算机处理的角度看，我们必须消除歧义，而且有人认为它正是自然语言理解中的中心问题，即要把带有潜在歧义的自然语言输入转换成某种无歧义的计算机内部表示。

歧义现象的广泛存在使得消除它们需要大量的知识和推理，这就给基于语言学的方法、基于知识的方法带来了巨大的困难，因而以这些方法为主流的自然语言处理研究，几十年来，一方面在理论和方法方面取得了很多成就，但在能处理大规模真实文本的系统研制方面成绩并不显著。研制的一些系统大多数是小规模的、研究性的演示系统。

目前，存在的问题有两个方面：一方面，迄今为止的语法都限于分析一个孤立的句子，上下文关系和谈话环境对本句的约束和影响还缺乏系统的研究，因此，分析歧义、词语省略、代词所指、同一句话在不同场合或由不同的人说出来所具有的不同含义等问题，尚无明确规律可循，需要加强语用学的研究才能逐步解决。另一方面，人理解一个句子不是单凭语法，还运用了大量的有关知识，包括生活知识和专门知识，这些知识无法全部贮存在计算机里。因此，一个书面理解系统只能建立在有限的词汇、句型和特定的主题范围内；计算机的贮存量和运转速度大大提高之后，才有可能适当扩大范围。

以上存在的问题成为自然语言理解在机器翻译应用中的主要难题，这也就是当今机器翻译系统的译文质量离理想目标仍相去甚远的原因之一；而译文质量是机译系统成败的关键。要提高机译的质量，首先要解决的是语言本身问题而不是程序设计问题；单靠若干程序来做机译系统，肯定是无法提高机译质量的。另外，在人类尚未明了大脑是如何进行语言的模糊识别和逻辑判断的情况下，机译要想达到“信、达、雅”的程度是不可能的。

九、计算机视觉

（一）简介

计算机视觉是一门用计算机实现或模拟人类视觉功能的新兴学科，其主要研究目标是使计算机具有通过二维图像认知三维环境信息的能力，这种能力不仅包括对三维环境中物体形状、位置、姿态、运动等几何信息的感知，还包括对这些信息的描述、存储、识别与理解。目前，计算机视觉已在人类社会的许多领域得到成功应用。例如，在图像、图形识别方面有指纹识别、染色体识别、字符识别等，在航天与军事方面有卫星图像处理、飞行器跟踪、成像精确制导、景物识别、目标检测等，在医学方面有图像的脏器重建、医学图像分析等，在工业方面有各种监测系统和生产过程监控系统等。

（二）计算机视觉原理

计算机视觉就是用各种成像系统代替视觉器官作为输入敏感手段，由计算机来代替大脑完成处理和解释。计算机视觉的最终研究目标就是使计算机能像人那样通过视觉观察和理解世界，具有自主适应环境的能力。要经过长期的努力才能达到的目标。因此，在实现最终目标以前，人们努力的中期目标是建立一种视觉系统，这个系统能依据视觉敏感和反馈的某种程度的智能完成一定的任务。例如，计算机视觉的一个重要应用领域就是自主车辆的视觉导航，还没有条件实现像人那样能识别和理解任何环境，完成自主导航的系统。因此，人们努力的研究目标是实现在高速公路上具有道路跟踪能力，可避免与前方车辆碰撞的视觉辅助驾驶系统。这里要指出的一点是在计算机视觉系统中计算机起代替人脑的作用，但并不意味着计算机必须按人类视觉的方法完成视觉信息的处理。计算机视觉可以而且应该根据计算机系统的特点来进行视觉信息的处理。但是，人类视觉系统是迄今为止，人们所知道的功能最强大和完善的视觉系统。如在以下的章节中会看到的那样，对人类视觉处理机制的研究将给计算机视觉的研究提供启发和指导。因此，用计算机信息处理的方法研究人类视觉的机理，建立人类视觉的计算理论，也是一个非常重要和让人感兴趣的研究领域。这方面的研究被称为计算视觉。计算视觉可被认为是计算机视觉中的一个研究领域。

第三节　人工智能的未来与展望

一、人工智能的困境与问题

（一）理论不够成熟

人工智能理论从诞生发展到现在，已经从最初的“经典控制论”发展到现今的反馈控制、最优控制、模糊逻辑控制、专家智能控制理论等若干分支理论，但是除了“经典控制论”建构了详尽而规范的理论体系之外，其他后发展起来的智能控制理论，或多或少都是依据一定的工程背景或特殊的应用场合才逐步发展起来的，因此，人工智能控制理论的发展呈现出不同的理论算法只适用于特定的领域或工程背景、理论的通用性和可移植性较弱的特点。另外，人工智能理论的发展与人工智能技术的实现是相辅相成的，有的人工智能理论的发展先于技术的实现，有的理论算法是基于特定的工程应用领域内的研究才获得或提出的，因此，人工智能技术的实现对于理论的发展也产生了一定程度的影响。而且很多人工智能理论的提出或算法的分析研究都是以相关的技术实现为假设前提的，这就决定了很多人工智能的理论在某些特定的方面必然存在一定的局限性，因此，到目前为止，人工智能理论的发展尚未形成一个完整而系统的理论结构框架。

（二）技术上难以实现

在人脑思维过程中的大脑神经网络连接活动具有不可重复性。而符号化的思维活动

(比如语言符号的语义约定) 却具有可重复的普遍共性。因此，在大脑神经网络连接活动与符号化的思维活动之间，并不存在具有普遍意义的映射关系。换句话说，大脑神经网络连接活动与符号化的思维活动是两条永不相交的平行线。因此，如果要想模拟人类思维活动，应该模拟符号化思维活动，而不是模拟思维活动的生物过程。

另外，要提高人工智能技术的使用价值，应该从系统方案设计之初就充分重视人机优势互补的方法论探讨，而不仅仅是将人机对话、人机互补当成一个不得已的补丁或遮羞布。实践证明，任何以自动化技术为中心的人机接口技术，其应用价值往往大打折扣。同时，只有加强人工智能工程技术开发的方法论研究，建立人工智能工程技术可行性论证规范，才能尽可能降低开发风险，保证人工智能工程性项目开发的顺利完成和市场前景。

目前来说，在人工智能领域现阶段应用中，由于技术限制而产生的问题主要有以下三个方面：

1. 机器翻译所面临的问题

在计算机诞生的初期，有人提出了用计算机实现自动翻译的设想。目前机器翻译所面临的问题仍然是语言学家黑列尔（B. Hillel）所说的构成句子的单词和歧义性问题。歧义性问题一直是自然语言理解（NLU）中的一大难关。同样一个句子在不同的场合使用，其含义的差异是司空见惯的。因此，要消除歧义性就要对原文的每一个句子及其上下文进行分析理解，寻找导致歧义的词和词组在上下文中的准确意义。然而，计算机却往往孤立地将句子作为理解单位。另外，即使对原文有了一定的理解，理解的意义如何有效地在计算机里表示出来也存在问题。目前的 NLU 系统几乎不能随着时间的推移而增强理解力，系统的理解大都局限于表层上，没有深层的推敲，没有学习，没有记忆，更没有归纳。导致这种结果的原因是计算机本身结构和研究方法的问题。现在 NLU 的研究方法很不成熟，大多数研究局限在语言这一单独的领域，而没有对人们是如何理解语言这个问题做深入有效的探讨。

2. 自动定理证明和 GPS 的局限

自动定理证明的代表性工作归结原理。归结原理虽然简单易行，但它所采用的方法是演绎，而这种形式上的演绎与人类自然演绎推理方法是截然不同的。基于归结原理演绎推理要求把逻辑公式转化为子句集合，从而丧失了其固有的逻辑蕴涵语义。前面曾提到过的 GPS 是企图实现一种不依赖于领域知识求解人工智能问题的通用方法。GPS 想摆脱对问题内部表达形式的依赖，但是问题的内部表达形式的合理性是与领域知识密切相关的。不管是用一阶谓词逻辑进行定理证明的归结原理，还是求解人工智能问题的通用方法，GPS 都可以从中分析出表达能力的局限性，而这种局限性使得它们缩小了其自身的应用范围。

3. 模式识别的困惑

虽然使用计算机进行模式识别的研究与开发已取得大量成果，有的已成为产品投入实际应用，但是它的理论和方法与人的感官识别机制是全然不同的。人的识别手段、形象思维能力，是任何最先进的计算机识别系统望尘莫及的。另外，在现实世界中，生活并不是一项结构严密的任务，一般家畜都能轻而易举地对付，但机器不会，这并不是说它们永远不会，而是说目前不会。

（三）应用范围难以突破

由于人工智能理论的复杂性，并且目前理论的发展还未形成系统而详尽的规范框架，因此人工智能技术难以获得广泛的应用，目前，仅仅在航天航空、地理信息系统建设、机器人等高端科技领域有所涉及应用。近年来，模糊逻辑控制理论也开始逐步应用于家电产品，但是这只是人工智能技术应用的冰山一角，更加宽广的应用范围有待理论的加深和硬件技术以及软件算法的发展成熟。我们如果想获得人工智能技术的突破式发展，必须摆脱知识崇拜，承认和重视人类知识的相对性，是现代科学精神的精髓。充分理解具有封闭性特征的公共知识系统在解决探索性问题时，只具有辅助功能和参考价值有着十分重要的意义。因为无论多么复杂的人工智能技术，其基本功能仍然是提供公共知识服务。

二、人工智能发展展望

人工智能作为一个整体的研究才刚刚开始，离我们的目标还很遥远，但人工智能在某些方面将会有大的突破。而且人工智能是一门跨学科，需要多学科提供基础支持的科学，它将随着神经网络、大数据的发展而不断发展。如今，人工智能相关领域的研究成果已被广泛地应用于国民生活、工业生产、国防建设等各个领域。在信息网络和知识经济时代，人工智能技术正受到越来越广泛的重视，必将为推动科技进步和产业的发展发挥更大的作用。我们有理由相信：在未来的发展过程中，随着科学技术的不断发展和信息化的不断推进，人工智能将迈入一个快速发展的时代，其功能、其应用都将得到空前的发展。人工智能技术也将在更大程度上改变我们的生活、改变我们的世界。

（1）自动推理是人工智能最经典的研究分支，其基本理论是人工智能其他分支的共同基础。自动推理一直都是人工智能研究的热门内容之一，其中，知识系统的动态演化特征及可行性推理的研究是最新的热点，很有可能取得大的突破。

（2）机器学习的研究取得长足的发展。许多新的学习方法相继问世并获得了成功的应用，如增强学习算法、Reinforcement Learning 等。也应看到，现有的方法处理在线学习方面尚不够有效，寻求一种新的方法，以解决移动机器人、自主 Agent、智能信息存取等研究中的在线学习问题是研究人员共同关心的问题，相信不久会在这些方面取得突破。

（3）自然语言处理是 AI 技术应用于实际领域的典型范例，经过 AI 研究人员的艰苦努力，这一领域已获得了大量令人瞩目的理论与应用成果。许多产品已经进入了众多领域。智能信息检索技术在 Internet 技术的影响下，近年来迅猛发展，已经成为 AI 的一个独立研究分支。由于信息获取与精化技术已成为当代计算机科学与技术研究中迫切需要研究的课题，将 AI 技术应用于这一领域的研究是人工智能走向应用的契机与突破口。从近年的人工智能发展来看，这方面的研究已取得了可喜的进展。

人工智能一直处于计算机技术的前沿，其研究的理论和发现在很大程度上将决定计算机技术的发展方向。今天，已经有很多人工智能研究的成果进入人们的日常生活。将来，人工智能技术的发展将会给人们的生活、工作和教育等带来更大的影响。

第四节　大数据与人工智能的融合

一、大数据与人工智能的关系

（一）大数据是人工智能发展的基石

任何智能的发展，其实都需要一个学习的过程。而近期人工智能之所以能取得突飞猛进的进展，不能不说是因为这些年来大数据迅速发展的结果。正是由于各类感应器和数据采集技术的发展，我们开始拥有以往难以想象的海量数据，同时，也开始在某一领域拥有深度的、细致的数据。而这些，都是训练某一领域“智能”的前提。

如果我们把人工智能看成一个嗷嗷待哺拥有无限潜力的婴儿，某一领域专业的海量的深度的数据就是喂养这个天才的奶粉。奶粉的数量决定了婴儿是否能长大，而奶粉的质量则决定了婴儿后续的智力发育水平。

与以前的众多数据分析技术相比，人工智能技术立足于神经网络，同时发展出多层神经网络，从而可以进行深度机器学习。与以往传统的算法相比，这一算法并无多余的假设前提（比如线性建模需要假设数据之间的线性关系），而是完全利用输入的数据自行模拟和构建相应的模型结构。这一算法特点决定了它是更为灵活的且可以根据不同的训练数据而拥有自优化的能力。

但这一显著的优点带来的便是显著增加的运算量。在计算机运算能力取得突破以前，这样的算法几乎没有实际应用的价值。十几年前，我们尝试用神经网络运算一组并不海量的数据，整整等待三天都不一定会有结果。但今天的情况却大大不同了。高速并行运算、海量数据、更优化的算法共同促成了人工智能发展的突破。这一突破，如果我们在 30 年以后回头来看，将会是不弱于互联网对人类产生深远影响的另一项技术，它所释放的力量将再次彻底改变我们的生活。

（二）人工智能发展让大数据海岸更加广阔

数据深入挖掘和处理是深入了解日志数据的关键，因为日志数据在大数据领域里成规模分布。人工智能的发展可以确保数据的采集、分析处理，同时，它对数据的显示结果规制和事件驱动的履行和数据流一样高速。日志分析自动化主要引擎包括机器数据集成中间件、业务规则管理、系统语义分析、数据流计算平台和人工智能算法。

不同的人工智能技术适合不同类型的日志数据以及不同的分析挑战。利用相关性与其他现有模式为人工智能机制构建先验性监督方案才是正确的处理方式。如果日志数据模式无法以预告方式做出精确定义，那么非监督性强化学习机制可能更为适合。这些由人工智能技术支持的日志数据分析方案可谓自动化处理的最理想场景，因为此类方案会自主选择匹配程度较高的处理模式并进行优先级排序，从而在无法人为提供培训数据集的前提下完成既定任务。

深度学习（Deep Learning）成为大数据科学家的人工智能开发系统中的一个重要工具。利用神经网络开展的深度学习有助于从这些数据流中提取感知能力，因为这些数据流可能涉及组成对象之间语义关系的层次结构安排。

人工智能对大数据应用投资回报的贡献主要体现在两个方面：一是促进数据科学家的多产性；二是发现一些被忽视的方案，有些方案甚至遭到了最好的数据科学家的忽视。这些价值来自人工智能的核心功能，即让分析算法无须人类干预和显式程序即可对最新数据进行学习。许多情况下，人工智能是大数据创新的最佳投资回报，人工智能的发展也让大数据的挖掘更上一层楼。

二、大数据与人工智能的融合

大数据和人工智能是现代计算机技术应用的重要分支，近年来这两个领域的研究相互交叉促进，产生了很多新的方法、应用和价值。大数据和人工智能具有天然的联系，大数据的发展本身使用了许多人工智能的理论和方法，人工智能也因大数据技术的发展步入了一个新的发展阶段，并反过来推动大数据的发展。

什么是大数据？这是一种文化基因，一个营销术语。确实如此，不过也是技术领域发展趋势的一个概括，这一趋势打开了理解世界和制定决策的新办法之门。根据技术研究机构 IDC 的预计，大量新数据无时无刻不在涌现，它们以每年 50%的速度在增长，或者说每两年就要翻一番多。并不仅仅是数据的洪流越来越大，而且全新的支流也会越来越多。比方说，现在全球就有无数的数字传感器依附在工业设备、汽车、电表和板条箱上。它们能够测定方位、运动、振动、温度、湿度甚至大气中的化学变化，并可以通信。将这些通信传感器与计算智能连接在一起，就能够看到所谓的物联网或者工业互联网的崛起，对信息访问的改善也为大数据趋势推波助澜。

大数据技术是继移动互联技术和云计算技术之后一项颠覆性的信息技术，它使得我们拥有了对一些数量巨大、种类繁多、价值密度极低、本身快速变化的数据有效和低成本存取、检索、分类、统计的能力。但这并不意味着我们今天能够有效和低成本地了解这些数据中蕴藏的巨大价值，尤其是这些数据中隐性的社会科学规律和经验所代表的巨大价值。所幸，人工智能领域的一些理论和比较实用的方法，已经开始用于大数据分析方面，并显现出初步令人振奋的结果。本书就大数据和人工智能未来发展的相互关系和潜力进行一些初步探讨。

人工智能领域的一些理论和比较实用的方法，能够显著和有效地提升我们所拥有的大数据的使用价值，大数据技术的发展也将在为人工智能提供用武之地的同时，唤醒人工智能巨大的潜力，从而使这两个领域的技术和应用出现加速发展的趋势。

大数据技术的战略意义不在于掌握庞大的数据信息，而在于对这些含有意义的数据进行专业化处理。换言之，如果把大数据比作一种产业，那么这种产业实现盈利的关键，在于提高对数据的“加工能力”，通过“加工”实现数据的“增值”。

虽然大数据目前在国内还处于初级阶段，但是商业价值已经显现出来。首先，手中握有数据的公司站在金矿上，基于数据交易即可产生很好的效益；其次，基于数据挖掘会有很多商业模式诞生，定位角度不同，或侧重数据分析。比如，帮企业做内部数据挖掘，或侧重优化，帮企业更精准找到用户，降低营销成本，提高企业销售率，增加利润。

时至今日，包括 IBM、HP、EMC、Oracle、微软、Intel、Tera Data 等 IT 企业纷纷推出自己的大数据解决方案。到目前为止，大数据技术已能够使一些数量巨大、种类繁多、价值密度极低、本身快速变化的数据的使用价值凸显出来，初步展现大数据的价值。

建立具有真正意义的人工智能系统，是人类长期以来的梦想。面向大数据和人工智能的研究近来呈现出螺旋上升式发展态势，大数据时代的到来，赋予人工智能新的起点、新的使命和新的召唤。因此，在不久的将来，我们不难想象，大数据和人工智能领域的各种理论和方法会有加速的发展趋势，在大数据与人工智能融合后，从而史无前例地影响整个人类的发展进程。

三、大数据与人工智能的运用

人工智能技术包括推理技术、搜索技术、知识表示与知识库技术、归纳技术、联想技术、分类技术、聚类技术等，其中，最基本的三种技术即知识表示、推理和搜索都在大数据中得到了体现。

（一）知识表示

知识表示是指在计算机中对知识的一种描述，是一种计算机可以接受的用于描述知识的数据结构。由于目前对人类知识的结构及机制还没有完全搞清楚，因此，关于知识表示的理论及规范尚未建立起来。尽管如此，人们在对智能技术系统的研究及建立过程中还是结合具体研究提出了一些知识表示方法：符号表示法和连接机制表示法。

符号表示法使用各种包含具体含义的符号，以各种不同的方式和次序组合起来表示知识，它主要用来表示逻辑性知识。连接表示法是把各种物理对象以不同的方式及次序连接起来，并在其间相互传递及加工各种包含具体意义的信息。大数据中关联规则的挖掘用到了符号表示法。关联规则挖掘是从大量的数据中挖掘出有价值的描述数据项之间相互联系的有关知识。例如，通过分析某个超市的数据库后，发现许多顾客在购买 A 牌牛奶时，同时也购买了 A 牌面包，显然这是一个很重要的知识，因为它可以帮助商家对这两种商品打包出售，并且及时调整货架商品摆放。连接表示法对应于大数据中神经网络分类法。神经网络通过调整权重来实现输入样本与其类别的对应，从而达到从训练后的神经网络中挖掘出知识。

（二）推理技术

推理技术从已知的事实出发，运用已掌握的知识，找出其中蕴含的实事，或归纳出新的实事。推理可分为经典推理和非经典推理，前者包括自然演绎推理、归纳演绎推理、与/或形演绎推理等，后者主要包括多值逻辑推理、模态逻辑推理、非单调推理等。

一般而言，大数据在处理过程中其基本思想是非经典的，而其依据的“剪枝”规则应该是经过经典推理严格证实的有其严格的数学背景。比如，聚类处理时的基本思想是基于非经典推理，但为了提高效率而采取的“剪枝”技术必须保证完备性、正确性，经得起推理，否则便成了随意剪枝和删除信息，虽然提高了效率，但其正确性不能保证，就没有什么意义了。

（三）搜索技术

搜索是根据问题的实际情况不断寻找可利用的知识，从而构造一条代价较小的推理路线。搜索分为盲目搜索和启发式搜索，盲目搜索是按预定的控制策略进行搜索，在搜索过程中获得的中间信息不用来改进控制策略。启发式搜索是在搜索过程中加入与问题有关的启发性信息，用于指导搜索朝着最有希望的方向前进，加速问题的求解过程，并找到最优解。搜索机制在大数据中得到了最详尽的体现。例如，在属性约简中，如果我们发现某一列属性的取值完全一样或区分能力不大，则可以提前删去。搜索机制提高了大数据的效率，这对解决人工智能中的 NP 难问题是一个积极的探索。

四、大数据与人工智能的发展

“机器学习”是人工智能的核心研究领域之一，其最初的研究动机是为了让计算机系统具有人的学习能力以便实现人工智能，众所周知，没有学习能力的系统很难被认为是具有智能的。目前，被广泛采用的机器学习的定义是“利用经验来改善计算机系统自身的性能”。事实上，由于“经验”在计算机系统中主要是以数据的形式存在的，因此机器学习需要设法对数据进行分析，这就使得它逐渐成为智能数据分析技术的创新源之一，并且为此而受到越来越多的关注。

“大数据”和“知识发现”通常被相提并论，并在许多场合被认为是可以相互替代的术语。对大数据有多种文字不同但含义接近的定义，例如，“识别出巨量数据中有效的、新颖的、潜在有用的、最终可理解的模式的非平凡过程”。其实顾名思义，大数据就是试图从海量数据中找出有用的知识。大体上来看，大数据可以视为机器学习和数据库的交叉，它主要利用机器学习界提供的技术来分析海量数据，利用数据库界提供的技术来管理海量数据。

（一）大数据与人工智能结合发展的实例

随着计算机技术的飞速发展，人类收集数据、存储数据的能力得到了极大的提高，无论是科学研究还是社会生活的各个领域中都积累了大量的数据，对这些数据进行分析以发掘数据中蕴含的有用信息，成为几乎所有领域的共同需求。正是在这样的大趋势下，机器学习和大数据技术的作用日渐重要，受到了广泛的关注。

例如，网络安全是计算机界的一个热门研究领域，特别是在入侵检测方面，不仅有很多理论成果，还出现了不少实用系统。那么，人们如何进行入侵检测呢？首先，人们可以通过检查服务器日志等手段来收集大量的网络访问数据，这些数据中不仅包含正常访问模式，还包含入侵模式。然后，人们就可以利用这些数据建立一个可以很好地把正常访问模式和入侵模式分开的模型。这样，在今后接收到一个新的访问模式时，就可以利用这个模型来判断这个模式是正常模式还是入侵模式，甚至判断出具体是何种类型的入侵。显然，这里的关键问题是如何利用以往的网络访问数据来建立可以对今后的访问模式进行分类的模型，而这正是机器学习和大数据技术的强项。

实际上，机器学习和大数据技术已经开始在多媒体、计算机图形学、计算机网络乃至操作系统、软件工程等计算机科学的众多领域中发挥作用，特别是在计算机视觉和自然语言处理领域，机器学习和大数据已经成为最流行、最热门的技术，以至于在这些领域的顶级会议上相当多的论文都与机器学习和大数据技术有关。总的来看，引入机器学习和大数据技术在计算机科学的众多分支领域中都是一个重要趋势。

机器学习和大数据技术还是很多交叉学科的重要支撑技术。例如，生物信息学是一个新兴的交叉学科，它试图利用信息科学技术来研究从 DNA 到基因、基因表达、蛋白质、基因电路、细胞、生理表现等一系列环节上的现象和规律。随着人类基因组计划的实施，以及基因药物的美好前景，生物信息学得到了蓬勃发展。实际上，从信息科学技术的角度来看，生物信息学的研究是一个从“数据”到“发现”的过程，这中间包括数据获取、数据管理、数据分析、仿真实验等环节，而“数据分析”这个环节正是机器学习和大数据技术的舞台。

正因为机器学习和大数据技术的进展对计算机科学乃至整个科学技术领域都有重要意义。从目前公开的信息来看，机器学习和大数据技术在这两个火星机器人上有大量的应用。

除了在科学研究中发挥重要作用，机器学习与大数据技术与普通人的生活也息息相关。例如，在天气预报、地震预警、环境污染检测等方面，有效地利用机器学习和大数据技术对卫星传递回来的大量数据进行分析，是提高预报、预警、检测准确性的重要途径；在商业营销中，对利用条形码技术获得的销售数据进行分析，不仅可以帮助商家优化进货、库存，还可以对用户行为进行分析以设计有针对性的营销策略。

Google、Yahoo、百度等互联网搜索引擎已经开始改变了很多人的生活方式，例如，很多人已经习惯于在出行前通过网络搜索来了解旅游景点的背景知识、寻找合适的旅馆、饭店等。美国《新闻周刊》曾经对 Google 有个“一句话评论”：“它使得任何人离任何问题的答案之间的距离只有点击一下鼠标这么远。”现在很少有人不知道互联网搜索引擎的用处，但可能很多人并不了解，机器学习和大数据技术正在支撑着这些搜索引擎。其实，互联网搜索引擎是通过分析互联网上的数据来找到用户所需要的信息，而这正是一个机器学习和大数据任务。事实上，无论 Google、Yahoo 还是微软，其互联网搜索研究核心团队中都有相当大比例的人是机器学习和大数据专家，而互联网搜索技术也正是机器学习和大数据目前的热门研究话题之一。

（二）当代大数据与人工智能的发展

机器学习和大数据在过去几年经历了飞速发展，目前已经成为子领域众多、内涵非常丰富的学科领域。"更多、更好地解决实际问题"成为机器学习和大数据发展的驱动力。事实上，过去若干年中出现的很多新的研究方向，例如半监督学习、代价敏感学习、流大数据、社会网络分析等，都起源于实际应用中抽象出来的问题，而机器学习和大数据领域的研究进展，也很快就在众多应用领域中发挥作用。值得指出的是，在计算机科学的很多领域中，成功的标志往往是产生了某种看得见、摸得着的系统，而机器学习和大数据则恰恰相反，它们正在逐渐成为基础性、透明化、无处不在的支持技术、服务技术，在它们真正成功的时候，可能人们已经感受不到它们的存在，人们感受到的只是更健壮的防火墙、更灵活的机器人、更安全的自动汽车、更好用的搜索引擎等。

由于机器学习和大数据技术的重要性，各国都对这方面的研究非常关注。如果要列出目前计算机科学中最活跃的研究分支，那么机器学习和大数据必然位列其中。随着机器学习和大数据技术被应用到越来越多的领域，可以预见，机器学习和大数据不仅将为研究者提供越来越大的研究空间，还将给应用者带来越来越多的回报。对发展如此迅速的机器学习和大数据领域，要概述其研究进展或发展动向是相当困难的，感兴趣的读者不妨参考近年来机器学习和大数据方面一些重要会议和期刊发表的论文，可以更好地把握近年来大数据与人工智能发展的脉络。

五、大数据与人工智能的未来

人工智能领域专家认为，大数据的异军突起，为人工智能注入了新的活力。现在的形势就像中国红军的作战一样，目前，已在更广泛的领域内利用新的思想、新的理论、新的技术去解决实际问题，而大数据和人工智能未来存在以下四个发展趋势：

（一）更加注重智能化

人工智能和大数据都很注重对智能技术的研究，例如，自动客户需求分析、自动资料更新、机器人自动识别、自动交通管理等。高度智能化是大数据和人工智能研究最终追求的目标，也是二者最终合而为一的标志。可以预计未来的 10 年里将是人工智能和大数据高度智能化发展的10年。

（二）网络化

将人工智能的技术应用于网络中将会使网络技术带上“智能”的特性，可以提高网络运行效率、解决网络拥塞问题、增加网络安全性、智能管理网络客户等。目前，关于大数据在网络上的应用已经很常见了，例如，利用大数据的方法在万维网上进行搜索的三种算法，提出了一种基于大数据的高效搜索引擎的编制算法。但是人工智能和大数据的网络化仍然存在着算法效率和结果的可靠性不够理想的问题。

（三）各种技术交叉融合

结合逻辑学的方法提出了负关联规则的挖掘问题，首次将稳定性理论的研究成果应用于大数据；提出了挖掘软件数据的方法，并首次提出软件大数据的概念。另外，物理的理论和方法、化学的理论和方法、生物的理论和方法、复杂性问题的理论和方法、模式识别的理论和方法、管理学的理论和方法、运筹学的理论和方法、制造业的理论和方法都已经开始融入人工智能和大数据之中。未来的人工智能和大数据技术必将是一个融合众多领域的复合学科。

（四）知识经济化

知识经济时代的人工智能和大数据必将受到经济规律的影响，这决定了人工智能和数决挖掘必将带有经济化的特征。人工智能和大数据技术作为无形资产可以直接带来经济效益，这种无形资产通过传播、教育、生产和创新将成为知识经济时代的主要资本。可以预见，未来的人工智能和大数据技术将是更加经济化、更加实用的技术。

第二章　人工智能的基础知识

第一节　分布式人工智能

分布式人工智能（DAI）是人工智能研究的一个重要分支，它研究人工智能计算中的并发性和相互交互的半自治系统集合的构造、协调及其有关技术，有着广泛的应用前景。随着计算机技术和人工智能的发展，还有互联网和万维网（www）的出现与发展，集中式系统已不能完全适应科学技术的发展需要。并行计算和分布式处理等技术（包括分布式人工智能）应运而生，并在过去多年中获得快速发展。分布式人工智能系统能够克服单个智能系统在资源、时空分布和功能上的局限性，具备并行、分布、开放和容错等优点。近年来，Agent 和多 Agent 系统的研究成为分布式人工智能研究的一个热点，引起计算机、人工智能、自动化等领域科技工作者的浓厚兴趣，为分布式系统的综合、分析、实现和应用开辟了一条新的有效途径，促进了人工智能和计算机软件工程的发展。

一、分布式人工智能概述

（一）分布式人工智能简介

DAI 的研究始于 20 世纪 70 年代，它旨在研究智能系统如何并行地、协调地实现问题求解。从 DAI 的发展情况来看，其研究重点经历了从分布式问题求解（DPS）到多 Agent 系统（MAS）的变迁，这是对 DAI 研究中遇到的问题不断深入其基础的结果，也反映出整个 AI 研究和计算机科学中对集体行为和社会性因素的重视。早期的 DAI 研究人员主要从事 DPS 研究，即如何构造分布系统来求解特定的问题。研究的重点在于问题本身及分布系统求解的一致性、鲁棒性和效率，个体 Agent 的行为是可以预先定义好的。MAS 的研究是基于理性 Agent 的假设，与协调一组可能预先存在的自主 Agent 的智能行为有关，研究重点在于协调系统中多个 Agent 的行为使其协调工作，即 Agent 为了联合采取行动或求解问题，如何协调各自的知识、目标、策略和规划。

（二）分布式人工智能的特点及分类

1. 分布式人工智能的特点

分布式人工智能系统具有如下一些特点：

（1）分布性

整个系统的信息，包括数据、知识和控制等，无论是在逻辑上或者是物理上都是分布的，不存在全局控制和全局数据存储。系统中各路径和节点能够并行求解问题，从而提高了子系统的求解效率。

（2）连接性

在问题求解过程中，各个子系统和求解机构通过计算机网络相互连接，降低了求解问题的通信代价和求解代价。

（3）协作性

各子系统协调工作，能够求解单个机构难以解决或者无法解决的困难问题。例如，多领域专家系统可以协作求解单领域或者单个专家系统无法解决的问题，提高求解能力，扩大应用领域。

（4）开放性

其通过网络互联和系统的分布，便于扩充系统规模，使系统具有比单个系统更大的开放性和灵活性。

（5）容错性

系统具有较多的冗余处理节点、通信路径和知识，能够使系统在出现故障时，仅仅通过降低响应速度或求解精度，就可以保持系统正常工作，提高工作可靠性。

（6）独立性

系统把求解任务归纳为几个相对独立的子任务，从而降低了各个处理节点和子系统问题求解的复杂性，也降低了软件设计开发的复杂性。

2. 分布式人工智能的分类

分布式人工智能一般分为分布式问题求解（DPS）和多 Agent 系统（MAS）两种类型。DPS 研究如何在多个合作和共享知识的模块、节点或子系统之间划分任务，并求解问题。MAS 则研究如何在一群自主的 Agent 之间进行智能行为的协调。两者的共同点在于研究如何对资源、知识、控制等进行划分。两者的不同点在于 DPS 往往需要有全局的问题、概念模型和成功标准，而 MAS 则包含多个局部的问题、概念模型和成功标准。DPS 的研究目标在于建立大粒度的协作群体，通过各群体的协作实现问题求解，并采用自顶向下的设计方法。MAS 却采用自下向上的设计方法，首先定义各自分散自主的 Agent，然后研究怎样完成实际任务的求解问题，各个 Agent 之间的关系并不一定是协作的，也可能是竞争甚至是对抗的关系。

（三）分布式问题求解

1. 分布式问题求解概述

分布式问题求解是分布式人工智能的一个重要分支。在分布式问题求解系统中，数据、知识、控制均分布在系统的各节点上，既无全局控制，也无全局数据和知识存储。由于系统中没有一个节点拥有足够的数据和知识来求解整个问题，因此，各节点需要交换部分数据、知识、问题求解状态等信息，通过相互协调来进行复杂问题的协调求解。

分布式问题求解系统有两种协作方式，即任务分担和结果共享。在任务分担方式的系统中，节点之间通过分担执行整个任务的子任务而相互协作，系统中的控制以目标为向导，各节点的处理目标是为了求解整个系统的一部分。任务分担问题求解方式比较适合于求解具有层次结构的任务，如工厂联合体生产规划、数字逻辑电路设计、医疗诊断等。

在结果共享方式的系统中，各节点是通过共享部分结果来实现相互协作的，系统中的控制以数据为指导，各节点在任何时刻进行的求解均取决于当时它本身拥有或从其他节点收到的数据和知识。结果共享的求解方式适合于求解与任务有关的各子任务的结果相互影响，并且部分结果需要综合才能得出问题解的领域，如分布式运输调度系统、分布式车辆监控系统等。

2. 分布式问题求解的过程和方法

分布式问题求解系统的求解过程可以分成四个步骤：任务分解、任务分配、子问题求解和结果综合。在此过程中系统首先从用户接口接收用户提出的任务，判断是否可以接受，若可以接受，则交给任务分解器，否则通知用户该系统不能完成此任务。任务分解器将接受的任务按一定的算法分解为若干相互独立又相互联系的子任务。若有多个分解方案，则选出一个最佳方案交给任务分配器。任务分配器将接收到的任务按照一定的算法分解，将各子任务分配到合适的节点。若有多个分布方案，则选出最佳方案。各求解器在接收到子任务后，与通信系统密切配合进行协作求解，并将局部解通知协作求解系统，之后该系统将局部解综合成一个统一的解，并提交给用户。若用户对结果满意，则输出结果，否则再将任务交给系统重新求解。在实际系统中，问题的求解要比上述过程复杂得多。

任务分解和任务分配有以下四种常用的方法：

（1）合同网络

所谓合同网络是指一种适合任务分担求解系统的任务分配算法，其中的合同就是生产任务的节点与愿意执行此任务的节点之间达成的一种协议。这里建立合同的思想类似平常的“招标”。

（2）动态层次控制

这是建立在合同网络基础上的动态层次控制的任务分解和任务分配算法。该方法在任务分解后，首先对各节点的处理能力进行分析，综合问题求解环境数据，建立节点问题控制关系框架与全局性冲突监控关系网络，然后根据控制关系框架分布任务进行协作求解。求解过程中出现的条件资源冲突分别通过商议、启发式知识及全局性冲突监控网络来解决。

（3）自然分解，固定分配

这一任务分解和任务分配算法预先将被监控区域划分为若干相互重叠的子区域，各子区域内的传感器将收到的数据送至邻近节点进行处理。这种方法比较适合结果共享方式的问题求解系统。

（4）部分全局规划

该方法通过交换部分全局规划来进行动态的任务分解和任务分配。在部分全局规划中，包括目标信息、规划活动图、解结果构造图和状态信息。其中，目标信息包括部分全局规划的最终目标和重要性等信息；规划活动图表示节点的工作，如节点目前正进行的主要规划及其成本、期望结果等；解结果构造图用于说明节点之间的交互关系；状态信息则记录从其他节点收到的有关信息的指针、收到时间等。这种方法适用于结果共享方式的问题求解系统。

二、Agent 基本理论

（一）Agent 概述

Agent 是人工智能领域里发展起来的一种新型计算模型，其主要具有功能的连续性及自主性，即 Agent 系统能够连续不断地感知外界发生的和自身状态的变化，并自主产生相应的动作。对 Agent 更高的要求可以让其具有认知功能，以达到高度智能化的效果。由于 Agent 的这些特点，Agent 被广泛应用于分布计算环境，用于协同计算，以完成某项任务。

Agent 在英语中是个多义词，主要含义有主动者、代理人、作用力（因素）或媒介物（体）等。在信息技术，尤其是人工智能和计算机领域，可把 Agent 看作能够通过传感器感知其环境，并借助执行器作用于该环境的任何事物的系统。对于人 Agent，其传感器为眼睛、耳朵和其他感官，其执行器为手、腿、嘴和其他身体部分。对于机器人 Agent，其传感器为摄像机和红外测距器等，而各种电动机则为其执行器。对于软件 Agent，其通过编码位的字符串进行感知和作用。

虽然 Agent 这一术语已被广泛使用，但目前学术界至今难以给出一个能普遍接受的定义，国内对 Agent 尚无公认的统一译法。Agent 理论研究人员根据各自的研究需要，从不同的侧面反映了 Agent 的一些特征，但都没有一个全面、完整的描述。国内学术界有人将 Agent 译为主体、智能主体或智能体，也有人使用原文而不译为中文，还有些人把 Agent 译为代理、媒体、个体或实体。本书出于慎重考虑，在介绍过程中还是沿用原英文单词，以期将来有更加确切和更完美的译法。

（二）Agent 的模型及特征

1. Agent 的认知模型

Agent 理论最初是作为一种分布式智能的计算模型被提出来的，其研究的动力在于：第一，控制分布式计算的复杂性；第二，克服人机界面的局限性。

因此，人们可以用一种理性的方法对 Agent 进行描述，通过对其情感属性（如信念、愿望等）的理解，对这种复杂的系统进行抽象，使人们不必联系到 Agent 的实际操作，就可以简单地预测和解释其行为。近年来，Agent 理论学家开发了许多表示 Agent 特性的形式方法，主要有布拉特曼提出的 BDI（信念、愿望和意图）理论、克里普克的可能世界语义模型、摩尔对于知识和动作的研究、科恩和莱韦斯克的意图理论，还有拉奥·乔治夫的 BDI 模型。

着重研究信念、愿望和意图的关系及其形式化描述，力图建立 Agent 的 BDI 模型，已成为 Agent 理论模型研究的主要方向。信念、愿望、意图与行为之间有某种因果关系。其中，信念描述 Agent 对环境的认识，表示可能发生的状态；愿望从信念直接得到，描述 Agent 对可能发生情景的判断；意图来自意愿，制约 Agent，是目标的组成部分。

BDI 关系：信念→愿望→意图→……→行为。

2. Agent 的特征

Agent 与分布式人工智能系统一样具有协作性、适应性等特征。此外，Agent 还具有自主性、交互性及持续性等重要性质。一个完整的 Agent 概念应该具有以下特征：

（1）行为自主性

Agent 能够控制它的自身行为，其行为是主动的、自发的、有目标和意图的，并能根据目标和环境要求对短期行为做出规划。

（2）作用交互性，也叫反应性

Agent 能够与环境交互作用，能够感知其所处环境，并借助自己的行为结果，对环境做出适当反应。

（3）环境协调性

Agent 存在于一定的环境中，感知环境的状态、事件和特征，并通过其动作和行为影响环境，与环境保持协调。环境和 Agent 是对立统一体的两个方面，互相依存、互相作用。

（4）面向目标性

Agent 不只是对环境中的事件做出简单的反应，它能够表现出某种目标指导下的行为，为实现其内在目标而采取主动行为。这一特性为面向 Agent 的程序设计提供了重要基础。

（5）存在社会性

Agent 存在于由多个 Agent 构成的社会环境中，与其他 Agent 交换信息、交互作用和通信。各 Agent 通过社会承诺，进行社会推理，实现社会意向和目标。Agent 的存在及其每一个行为都不是孤立的，而是社会性的，甚至表现出人类社会的某些特性。

（6）工作协作性

各 Agent 合作和协调工作，求解单个 Agent 无法处理的问题，提高处理问题的能力，在协作过程中，可以引入各种新的机制和算法。

（7）运行持续性

Agent 的程序在起动后，能够在相当长的一段时间内维持运行状态，不随运算的停止而立即结束运行。

（8）系统适应性

Agent 不仅能够感知环境，对环境做出反应，而且能够把新建立的 Agent 集成到系统中而无须对原有的多 Agent 系统进行重新设计，因而具有很强的适应性和可扩展性，这一特点也可称为开放性。

（9）结构分布性

在物理上或逻辑上分布和异构的实体，如主动数据库、知识库、控制器、决策体、感知器和执行器等，在多 Agent 系统中具有分布式结构，便于技术集成、资源共享、性能优化和系统整合。

（10）功能智能性

Agent 强调理性作用，可作为描述机器智能、动物智能和人类智能的统一模型。Agent 的功能具有较高智能，而且这种智能往往是构成社会智能的一部分。

（三）Agent 的结构及分类

1. Agent 的结构特点

人工智能的任务就是设计 Agent 程序，即实现 Agent 从感知到动作的映射函数，这种 Agent 程度需要在某种称为结构的计算设备上运行。这种结构可以是一台普通的计算机，或者可能包含执行某种任务的特定硬件，还可能包括在计算机和 Agent 程序间提供某种程序隔离的软件，以便在更高层次上进行编程。一般意义上，体系结构使得传感器的感知对程序可用，运行程序并把该程序的作用选择反馈给执行器。由此可见，Agent 的体系结构和程序之间具有如下关系：

Agent＝体系结构+程序

计算机系统为 Agent 的开发和运行提供软件和硬件环境支持，使各个 Agent 依据全局状态协调地完成各项任务，具体如下：

（1）在计算机系统中，Agent 相当于一个独立的功能模块、独立计算机应用系统，它含有独立的外部设备、输入输出驱动装备、各种功能操作处理程序、数据结构和相应的输出。

（2）Agent 程序的核心部分叫作决策生成器或问题求解器，起到主控作用，它接收全局状态、任务和时序等信息，指挥相应的功能操作程序模块工作，并把内部工作状态和所执行的重要结果送至全局数据库。Agent 的全局数据库设有存放 Agent 状态、参数和重要结果的数据库，供总体协调使用。

（3）Agent 的运行是一个或多个进程，并接受总体调度。特别是当系统工作状态随工作环境而经常变化及各 Agent 的具体任务时常变更时，更须搞好总体协调。

（4）各个 Agent 在多个计算机 CPU 上并行运行，其运行环境由体系结构支持。体系结构还提供共享资源（黑板系统）、Agent 间的通信工具和 Agent 间的总体协调，以使各 Agent 在统一目标下并行、协调地工作。

2. Agent 的分类

根据上述讨论，可把 Agent 看是从感知序列到现实体动作的映射。根据人类思维的不同层次，可把 Agent 分为下列六类：

（1）反应式 Agent

反应式 Agent 只简单地对外部刺激产生响应，没有任何内部状态。每个 Agent 既是客户，又是服务器。

（2）慎思式 Agent

慎思式 Agent 又称为认知式 Agent，是一个具有显式符号模型的基于知识的系统。其环境模型一般是预先可知的，因而对动态环境存在一定的局限性，不适用于未知环境。由于缺乏必要的知识资源，在 Agent 执行时需要向模型提供有关环境的新信息，而这往往是难以实现的。Agent 接收的外部环境信息，会依据内部状态进行信息融合，以产生修改当前状态的描述。然后，在知识库支持下制订规划，再在目标指引下，形成动作序列，对环境发生作用。

（3）跟踪式 Agent

简单的反应式 Agent 只有在现在感知的基础上才能做出正确的决策。随时更新的内部状态信息则要求把两种认识编入 Agent 的程序，即关于世界如何独立地发展 Agent 的信息和 Agent 自身作用如何影响世界的信息。与解释状态的现有知识的新感知一样，其也采用了有关世界如何跟踪其未知部分的信息。具有内部状态的反应式 Agent 通过找到一个条件与现有环境匹配的规则进行工作，然后执行规则相关的作用。这种结构叫作跟踪世界 Agent 或跟踪式 Agent。

（4）基于目标的 Agent

仅仅了解现有状态对决策来说往往是不够的，Agent 还需要某种描述环境情况的目标信息。Agent 的程序能够与可能的作用结果信息结合起来，以便选择达到目标的行为，这类 Agent 的决策基本上与前面所述的条件-作用规则不同。反应式 Agent 中有的信息没有明确规定，而设计者已预先计算好了各种正确作用。对于反应式 Agent，人们还必须重写大量的条件-作用规则。基于目标的 Agent 在实现目标方面更灵活，只要指定新的目标，就能够产生新的作用。

（5）基于效果的 Agent

只有目标实际上还不足以产生高质量的作用。如果一个世界状态优于另一个世界状态，那么它对 Agent 就有更好的效果。因此，效果是一种把状态映射到实数的函数，该函数描述了相关的满意程度。一个完整规范的效果函数允许 Agent 对两类情况做出理性决策：第一，当 Agent 只有一些目标可以实现时，效果函数就指定合适的交替。第二，当 Agent 存在多个瞄准目标而不知哪一个一定能够实现时，效果函数就提供了一种根据目标的重要性来估计成功可能性的方法。因此，一个具有显式效果函数的 Agent 能够做出理性的决策。

（6）复合式 Agent

复合式 Agent 即在一个 Agent 内组合多种相对独立和并行执行的智能形态，其结构包括感知、动作、反应、建模、规划、通信和决策等模块。Agent 通过感知模块来反映现实世界，并对环境信息做一个抽象，再送到不同的处理模块。若感知到简单或紧急情况，信息就被送入反射模块，做出决定，并把动作命令送到行动模块，产生相应的动作。

三、多 Agent 系统

在人类社会中，个体之间存在一定的联系，正是这种联系使得个体的集合形成人类社会，使独立的个体成为一个具有社会属性的人。多 Agent 系统（MAS）也是如此。几个 Agent 堆放在一起永远是几个独立的个体，只有通过相互协调合作，它们才能构成一个具有一定功能的可以运转的系统。作为整体环境的一部分，它们必须能处理自身内部事务及分布协作环境中的事务。Agent 与环境的这种关系，如同人处于社会中，既要解决自身的事务，又要作为社会的一员，承担社会的义务和责任一样。

之前所讨论的 Agent 是单个 Agent 在一个与它的能力和目标相适应的环境中的反应和行为。多 Agent 系统中每个 Agent 能够预测其他 Agent 的作用，在其目标服务中影响其他 Agent 的动作。为了实现这种预测，人们需要研究一个 Agent 对另一个 Agent 的建模方法。为了影响另一个 Agent，需要系统建立 Agent 间的通信方法。多个 Agent 组成一个松散耦合又协作共事的系统，即一个多 Agent 系统。多 Agent 系统研究如何在一群自主的 Agent 间进行智能行为协调。从前述的 Agent 特性可以看出它的一个显著特点就是社会性。因此，Agent 的社会性主要是多个 Agent 协作出现。因而，多 Agent 系统就成为 Agent 技术的一个重点研究课题。除此之外，MAS 又与分布式系统密切相关，因此，MAS 也是分布式人工智能的基本内容之一。

（一）Agent 通信

1. Agent 通信的方式

Agent 之间的通信和协作是实现多 Agent 系统问题求解所必需的。协作应当按照相应的策略和协议进行。通信可分为黑板系统和消息对话系统两种方式。

（1）黑板结构方式

黑板系统采用合适的结构支持分布式问题求解。在多 Agent 系统中，黑板提供公共工作区，Agent 可以交换信息、数据和知识。首先，某个 Agent 在黑板上写入信息项，然后，该信息项可为系统中的其他 Agent 所用。各 Agent 可以在任何时候访问黑板，查询是否有新的信息。各 Agent 可采用过滤器提取当前工作需要的信息。各 Agent 在黑板系统中不进行直接通信，每个 Agent 均独立完成各自求解的子问题。

（2）消息/对话通信

消息/对话通信是实现灵活和复杂的协调策略的基础。各 Agent 使用规定的协议相互交换信息，用于建立通信和协调机制。

2. Agent 的通信语言

大多数 Agent 的通信是通过语言而不是通过直接访问知识库实现的。解决 Agent 之间通信问题的一个重要途径就是建立一个标准的通信语言，这种语言可以是过程型的，也可以是说明型的。过程型语言基于把通信看成是过程指令的交换，像 TCL、Apple Events 和 Telescript 等语言，它们不仅能传递控制指令，而且能传递整个程序。这种方法简单有效，但在设计过程中有时需要接收方的信息，而且过程是单向的。说明型语言则是基于把通信看成是说明语句的交换，如 ACL 语言。

KQML 和 KIF 是美国高级研究计划局（ARPA）和“知识共享计划”中所提出的两种相关通信语言，可把它们分别译为“知识询问与操作语言”和“知识交换语言”。这两种语言是目前国际上最流行的 Agent 通信语言。KIF 的语法基本上类似于用 LISP 语法书写的一阶谓词演算。

（二）多 Agent 系统的特征

多 Agent 系统是一个松散耦合的 Agent 网络，这些 Agent 通过交互、协作进行问题求解（所解问题一般是单个 Agent 的表达能力或知识所不及的）。其中的每一个 Agent 都是自主的，它们可以由不同的设计方法和语言开发而成，因而可能是完全异质的。多 Agent 系统具有如下特征：

第一，每个 Agent 拥有解决问题的不完全的信息或能力。

第二，没有系统全局控制。

第三，数据是分散的。

第四，计算是异步的。

多 Agent 系统的理论研究是以单个 Agent 理论为基础，因此，除单个 Agent 理论研究所涉及的内容外，多 Agent 系统的理论研究还包括一些和多 Agent 系统有关的基本规范，主要有以下五点：

第一，多 Agent 系统的定义。

第二，多 Agent 系统中 Agent 心智状态（包括与交互有关的心智状态）的选择与描述。

第三，多 Agent 系统的特性及它们之间的关系。

第四，在形式上应如何描述这些特性及它们之间的关系。

第五，如何描述多 Agent 系统中 Agent 之间的交互和推理。

（三）多 Agent 系统的结构

从异构和通信的程度来分，多 Agent 系统有四种类型：同构无通信、异构无通信、同构有通信和异构有通信。

1. 同构无通信系统

在同构无通信系统中，所有的 Agent 都有相同的内部结构，包括目标、知识和可能的动作。不同之处在于它们的感知器输入和它们执行的动作不同，即它们在环境中所处的位置不同。所有 Agent 关于其他 Agent 的内部状态和感知器输入的信息很少，不能预测其他 Agent 的动作。在设计同构无通信系统时应考虑如下问题：

（1）采用慎思式系统结构还是反应式系统结构

反应式系统结构不保存内部状态，仅简单地检索预置的行为。而慎思式系统结构则保存内部状态，利用推理机制做出反应。故使用时若需预测其他 Agent 的动作再做出反应，应采用慎思式系统结构。

（2）是否建立其他 Agent 的模型

在复杂得多 Agent 系统中，不仅要建立其他 Agent 的内部状态的模型，可能还要建立其他 Agent 的目标、动作和能力的模型。但是，对其他 Agent 的过多预测会降低推理的效率，因此要做一个折中。

（3）影响其他的 Agent 的方法

在没有通信的情况下，也有两种方法会影响其他 Agent。一种方法是影响其他 Agent 的感知器或改变其他 Agent 的状态，另一种方法是改变环境，从而间接影响其他 Agent。

2. 异构无通信系统

有多种异构的方式，如具有不同的目标、知识和动作等。在设计异构无通信系统时除考虑上述问题外，还应注意如下问题：

（1）互助性还是竞争性

不同的 Agent 之间存在两种不同的关系：互助性和竞争性。互助性的 Agent 之间互相帮助，以实现各自的目标；竞争性的 Agent 仅考虑自身的目标，甚至还要干扰和破坏其他 Agent 的目标。

（2）采用稳定的还是进化的 Agent

在动态的环境中，采用进化的 Agent 更为可取。对应互助性 Agent 和竞争性 Agent，进化也分为互助性进化和竞争性进化。对于竞争性进化，可能会产生类似“军备竞赛”的效应，使复杂性不断升级，因此更应注重稳定性。竞争性进化的另一个问题是奖惩的分配问题，因为性能的改善可能并不意味着一个 Agent 性能的改善，而是其对手性能的恶化。

（3）是否为其他 Agent 的目标、知识和动作建模

对于异构无通信系统，为其他 Agent 建模就更为复杂。由于对其他 Agent 的目标、知识和动作一无所知，又没有通信，因此，为其他 Agent 建模就只能通过观察。

（4）处理资源共享问题

对各 Agent 共享的有限资源，各异构 Agent 的要求是独立的，因此，应加以管理。

（5）处理社会惯例问题

人类活动是要遵守社会惯例的，异构 Agent 之间在没有通信的情况下也应存在某种协议以使其做出一致的选择。

（6）分配角色问题

当各 Agent 的目标相同而能力不同时，它们应形成一个班组，并为每个 Agent 分配一个角色。当每个 Agent 完成一项专门的任务时，角色的分配是很简单的。在有些情况下，Agent 的角色是可以互换的。

3. 同构有通信系统和异构有通信系统

借助通信，各 Agent 可以高度协调一致地共同完成任务。通信可以通过“黑板”以广播方式进行，也可以点对点地进行。对于有通信的 Agent 系统，还应考虑如下问题：

（1）Agent 相互理解问题

为进行 Agent 之间的通信，应建立某种语言与协议，协议应包括信息内容、报文格式和协调惯例。这方面的实例有 KIF、KQML 和 COOL。

（2）承诺与去承诺问题

多个 Agent 在共同完成某一任务时，应互相做出承诺，即向其他 Agent 保证以给定方式完成既定的任务，而不管对本身是否有利。由于 Agent 之间的互相信任，可使任务顺利地完成。去承诺则表示承诺的结束。

由于 Agent 工具有通信功能，可以形成灵活得多 Agent 的系统结构。

①集中控制

集中控制系统中存在一个管理 Agent，该 Agent 负责协调其他所有 Agent 的工作。管理 Agent 应对所求解的问题和各 Agent 的功能、通信方式等都有所了解。在问题求解过程中，

由管理 Agent 制订一个求解规划，由各 Agent 协作求解。每个 Agent 完成一个特定的任务，而某个 Agent 的求解结果可能成为另一个 Agent 求解的必要条件。例如，Agent 系统就是这种类型的系统，该系统把求解过程看作一个会议，由一个 Agent 担任主席，其他 Agent 分别为设计、评价等部分的专家，或担任记录、接待用户的工作人员，所有相关部分在主席的主持下完成会议的所有议程。

当整个任务可以划分成若干子任务，且每个子任务可由一个 Agent 独立完成时，控制就可以得到简化。首先，由管理 Agent 将一个问题划分成若干子问题，各个子问题分别由某个 Agent 完成后，将结果汇总到管理 Agent，最后生成完整的解。集中控制的系统常采用集中的数据结构，即黑板结构，用于存放各 Agent 的共享数据。有的系统则采用多黑板结构，以此提高数据结构的灵活性，但也增加了开发与维护的开销。

集中控制结构的控制方式比较简单，适用范围广，但是系统中产生的各种信息都要经过管理 Agent，可能会产生问题求解的瓶颈。

②层次控制

层次控制系统将 Agent 分为若干层次，通信仅在各相邻层次之间进行。这种结构克服了集中控制结构的缺点，但仅适用于易于层次分解的问题。例如，用于电子市场销售的 Agent 系统 UNIK-AGENT，它将 Agent 分为三个层次：顾客、零售商与货运业者。首先由顾客向可能的零售商发出请求，零售商选择适当的商品向顾客投标，由顾客做出选择并通知零售商。如果需要的话，被选中的零售商再向货运业者发出请求，经过投标、选择之后，由选中的货运业者给出运输的规划。

③网络控制

网络控制系统是一种完全的分布式结构。Agent 作为网络中的节点存在，节点之间存在某种通信介质。系统的结构由网络的拓扑结构决定。在这种系统中，没有负责管理和协调的特殊 Agent，因此，是一种灵活得多 Agent 系统结构。这种结构的困难在于 Agent 之间的通信。

在异构的分布式环境中，各 Agent 可能处于不同的网络协议层。因此，应开发一个 Agent 通信层，使位于不同网络协议层的 Agent 能够在共同的通信层进行通信。在 Agent 通信层上，为使各个 Agent 使用名字互相进行访问，可构造一个专门提供路由服务功能的系统 Agent（ANS）。ANS 的地址是公开的，每个 Agent 进入系统时，都应向 ANS 注册，通知自己的状态、名字和地址等信息。该 Agent 离开系统时，也应向 ANS 取消注册。这样，ANS 就可向所有的 Agent 提供路由服务。

4. 功能 Agent 和知识 Agent

功能 Agent 是面向功能应用，面向用户需求的 Agent，位于互联网的网站服务器上，它有以下功能：

第一，能在相关的一个或多个知识 Agent 的支持下自主完成特定应用领域中某个阶段或某个部分的预测功能，实现了多 Agent 系统中任务共享和结果共享两种合作形式。

第二，预测时与用户通过 Web 方式进行人机对话，接受用户的问题，并从用户那里获得相关的一些信息，然后将预测任务分解，发送给相关的知识 Agent，再从这些知识 Agent 中返回相应的信息，系统对这些返回的信息用相应的方法或模型进行处理、集成，作为最终答案输出给用户。

第三，功能 Agent 从系统数据库中获得所有知识 Agent 和接口 Agent 的名称地址和相应的功能说明，运行时建立起与知识 Agent 或接口 Agent 间的通信链接。它们之间的信息传递可以分为同步和异步方式。

第四，功能 Agent 可以激活其他的功能 Agent 以获得它们相应的功能支持。因此，多个功能 Agent 的协作使完成一个新的、更高层次的预测功能成为可能。同样，一个很大的复杂的预测项目也可以划分给多个功能 Agent 来完成。

第五，功能 Agent 具有自学习功能，对预测任务及相应的知识 Agent 或接口 Agent 的返回信息和最终答案都存入它的知识库中，这样通过学习和一定知识的积累以后，功能 Agent 在没能得到知识 Agent 的支持的情况下，也可以对一些熟悉的问题进行回答，尽管这个回答开始可能不是那么精确。

知识 Agent 主要是关于某个领域或某一类的知识进行有针对性的组织管理、存储积累和应用提取，从而可以使得领域知识的获取与应用效率大大提高，也有利于相关的知识应用方法设计与实现。知识 Agent 具有以下功能：

第一，各个知识 Agent 在系统中负责某一领域知识的处理，它可以位于分布在互联网上的一些不同局域网中，也可以分布在与互联网相连的计算机上。例如，农业专家系统涉及的领域知识包括栽培、施肥、病虫害防治、气候等，因此，在构建一个基于多 Agent 的农业专家系统时，人们可以考虑在农科院校的局域网中放置栽培专家、施肥专家的知识 Agent，而在生物院所的局域网中放置病虫害防治专家的知识 Agent，在气象部门的局域网中放置收集气候信息的知识 Agent 等。

第二，各个知识 Agent 根据自己的领域范围和能力决定是否接受功能 Agent 分配的任务或确定接受预测任务的哪一部分。在预测过程中，功能 Agent 可以与其他的知识 Agent 进行磋商合作。

第三，各个知识 Agent 在对相关领域的知识处理方面，将根据不同领域的特点，采取不同的知识处理方法和不同的组织存储方式。

第四，各个知识 Agent 同时也具有人机对话的功能，领域专家可以将他们最新的科研成果输入进来，使得知识 Agent 获得该领域最新的信息和知识。

第五，知识 Agent 具有通信功能，它除了可以与功能 Agent 进行通信外，也可以与其他知识 Agent 进行联系，以获得相应的知识支持。在进行连接时，它可以向系统数据库获取所需的地址。但它也可以保存一些与其关系密切的知识 Agent 的地址信息等，建立一种熟人关系。

第六，知识 Agent 的添加和删除都可以通过在系统信息数据库中进行登记和注销来完成。知识 Agent 的注册信息包括其地址、名称、功能、属性等。

接口 Agent 的设置主要是为了利用已有的各领域的专家系统，通过基于 KQML 语言的通信方式与其他 Agent 进行交互，实现协作。它在整个系统中的主要功能与知识 Agent 基本一致。接口 Agent 可以设置新的功能模块来对已有的这些领域知识进行处理，以满足要求。因此，其在基本上不用进行大改动的情况下，就可以应用这些已有的领域专家系统的知识。

系统信息数据库的信息包括各种 Agent 的注册信息，还有系统运行中所需要的一些资料，它对所有 Agent 都是可访问的。

在系统中，每个 Agent 都可以与其他 Agent 进行合作，利用多 Agent 之间的有机合作可以实现定性与定量方法的综合集成。而随着该系统的不断运行，各个 Agent 将不断获取知识提高自己的能力，从而使整体系统的智能程度和反应速度等性能得到大幅提高。

整个系统的知识是分层次进行分布存储的。对于仅涉及某个领域的知识，存储于相应的知识 Agent 中，而对于涉及多个领域知识进行合成的高层知识，就存储于相应的功能 Agent 中。

（四）多 Agent 系统的构造技术

1. 多 Agent 系统的分析设计

目前，没有一种成熟的、现成的面向 Agent 设计（AOP）方法供人们对多 Agent 的应用系统进行分析设计，也没有一个基于 AOP 的软件开发环境供人们来描述用户需求、构造多 Agent 模型、刻画 Agent 特征，更没有基于 Agent 的编程语言供人们进行系统实现、系统测试。人们经过分析认为，面向对象方法与面向 Agent 要求大体上是一致的，因此利用面向对象方法来分析设计面向多 Agent 的应用系统是可行的。其原因如下：

（1）随着应用领域的扩大，面向对象方法的表达能力也在不断增强，因此可以逐步满足面向 Agent 系统的应用需要。比如，最近主动对象的概念被引入面向对象方法中，用来描述那些不需要接收消息就能主动执行的对象。在用面向对象方法来分析设计面向 Agent

的系统时，人们就可以用主动对象来描述具有主动性行为的 Agent 对象。

（2）在面向 Agent 的应用中，系统可以从应用的需要出发，对系统中 Agent 的特性进行取舍，不必体现 Agent 的全部特性。比如，在一些系统设计中，Agent 的可移动性对于系统的应用功能而言，意义不大，因此没有必要考虑对 Agent 可移动性的面向对象描述和设计。

（3）对于系统中必须体现的一些 Agent 特性，可以在面向对象方法与 Agent 特征之间做一个折中，用一种面向对象扩充的方式进行设计实现，能满足系统需要即可。比如，如果系统中需要体现 Agent 能自动感知环境的应激性，用面向对象方法无法实现，但可以让 Agent 定时对其感兴趣的环境因素进行检测，并及时做出响应。

因此，对基于 Agent 的应用系统，可以用扩展的面向对象方法进行分析、设计、实现，这在一般情况下是可以达到系统需求的。同时，面向对象方法也是目前最成熟、最适合于对面向 Agent 系统进行分析设计的方法。

2. 多 Agent 系统的建模策略

UML 语言是一种可以用于对大型系统进行建模的统一建模语言，它不仅支持面向对象的分析和设计，还支持从需求分析阶段开始的软件开发的过程，可以为任何具有静态结构和动态行为的系统进行建模。在开发多 Agent 系统时，要选用 UML 语言来进行建模设计，并且采用以下的全局系统设计策略：

（1）概念化

利用例图来分析问题，确定用户需求和技术解决方案，实现对问题的一个初始化的分割。

（2）分析

开发时首先要对系统需求进行分析，通过黑盒来描述系统外部行为，利用用户可理解的方式来构建 UML 模型，然后通过完整性检测或手工模拟来对系统模型进行验证，最后得到能正确反映系统需求的分析模型。

（3）系统设计

统计时要制定关于系统实现的高层的全局决定和结构。

（4）对象设计

首先通过将高层操作扩展成可行的操作来细化分析模型。其次确定一定的算法和数据结构，其中大多数设计决定应能扩展成为独立于语言的方式。最后得到逻辑上正确的实现并逐步转换成设计模型。

（5）编程实现

编程实现就是将设计映射到具体的语言实现，例如，用 JAVA 语言开发出可用的软件。

3. 多 Agent 系统的建模实现

在多 Agent 系统建模设计实现时，要解决以下相关问题：

（1）Agent 的主动行为能力的实现

这可以通过在面向对象方法中引入主动对象的概念来解决。在系统建模时，可以用对象表达问题域中事物的主动行为和系统中的每个主动任务。在系统的设计实现阶段，对象的主动服务可以被实现为一个能并发执行的、主动的程序单位，比如进程或线程。

（2）Agent 协作协商能力的实现

这就是在对象建模阶段和系统设计阶段，给 Agent 设计一些专门的接口，使 Agent 间能建立一个动态的、松散的协作关系。Agent 通过接口与外部及其他 Agent 进行联系。Agent 间的联系可以是同步的，也可以是异步的。每个 Agent 使用相同的 KQML 消息原语，使用相同名称的接口进行处理。而且，在系统分析设计时，要把 Agent 的知识和能力以本体论的形式进行描述，在实现时可以用数据库的形式表示。

（3）Agent 的推理和规范模型、自学习模型

这可以在 Agent 的建模设计时，以组件的形式进行描述。同时，对于 Agent 的行为也要进行细化，也用组件的形式描述。这样，既可以便于系统资源的重用，同时又有利于系统的更新换代。而近年发展迅速的，以 CORBA 和 DCOM 为代表的软构件/软总线技术，则为异质组件的开发与即插即用提供了规范。

第二节　决策支持系统

决策支持系统（DSS）是综合利用大量数据，有机结合众多模型（数学模型与数据处理模型等），通过人机交互，辅助各级决策者实现科学决策的系统。它是用来处理半结构化与非结构化问题的计算机软件系统，是管理信息系统（MIS）向更高一级发展而产生的信息系统。传统 DSS 是通过数据模型和常规数值计算方法来辅助决策，无法模拟现实世界中的复杂情况，随着人工智能（AI）技术的发展，将知识处理方法和知识库系统引入 DSS 形成了智能决策支持系统（IDSS），人工智能的发展促进了 IDSS 的飞速发展。

随着科学技术和工业产品的相互渗透，生产规模日趋庞大，各种决策的优劣，尤其是集团公司的战略级决策，对公司的成败将产生极大的影响。为避免决策失误，必须集众家

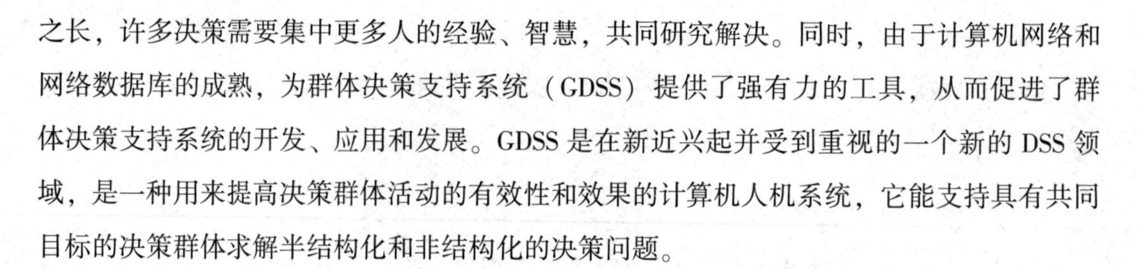
之长，许多决策需要集中更多人的经验、智慧，共同研究解决。同时，由于计算机网络和网络数据库的成熟，为群体决策支持系统（GDSS）提供了强有力的工具，从而促进了群体决策支持系统的开发、应用和发展。GDSS 是在新近兴起并受到重视的一个新的 DSS 领域，是一种用来提高决策群体活动的有效性和效果的计算机人机系统，它能支持具有共同目标的决策群体求解半结构化和非结构化的决策问题。

一、决策支持系统基础

（一）决策支持系统的概念

DSS 是以现代信息技术为手段，针对某一类型的半结构化的决策问题，通过提供背景材料、协助明确问题、修改完善模型、列举可能方案、进行分析比较等方式，帮助管理者做出正确决策的人机交互系统，这样的系统称为决策支持系统。

（二）决策的种类

1. 结构化决策

其对问题的本质和描述结构十分明确，对决策的过程和环境能用明确的语言和模型描述。

2. 非结构化决策

其主要用于解决以前未曾出现过的问题，或者问题的本质和结构十分复杂而难以确切了解，从而用以往解决问题的一些方法和步骤无法解决的那一类决策问题。

3. 半结构化决策

其介于结构化和非结构化之间，对问题有所了解，但不全面；有所分析，但不确切；有所估计，但不准确。

对于结构化决策，管理信息系统（MIS）完全可以解决。而 DSS 是以“支持”半结构化决策为主要特征的。

（三）决策的过程

经济学诺贝尔奖获得者，著名经济学家西蒙教授将以决策者为主体的管理决策过程分为以下三个阶段：

1. 情报

进行“情报”（数据）的收集和处理，研究决策环境，分析和确定影响决策的因素或条件的一系列活动。

2. 设计

设计是指发现、制订和分析各种可能的行动方案。

3. 选择

从可行方案中选择一个特定方案，进行方案评价与审核，并付诸实施。

（四）决策支持系统与管理信息系统之间的关系

决策支持系统与管理信息系统二者应用于管理的两个不同的发展阶段。它们的主要区别如下：

（1）MIS 主要以改进组织的效率为目标，DSS 追求的是为决策提供有效的信息，即有效性。

（2）MIS 以数据驱动，DSS 以模型驱动。

（3）设计思想上，MIS 是实现一个相对稳定协调的工作系统，DSS 是实现一个具有潜力的灵活的开发系统。

（4）设计方法上，MIS 强调系统的客观性符合现状，DSS 强调充分发挥人的经验、判断力和创造力。

（5）MIS 趋向于信息的集中管理，DSS 趋向于信息的分散使用。

（6）系统结构方面，MIS 是以数据库为中心，DSS 的核心是模型库和方法库。

二、智能决策支持系统

（一）智能决策支持系统概述

1. 智能决策支持系统的概念及特点

智能决策支持系统（IDSS）起源于 20 世纪 80 年代初期。首先，由邦切克等人提出 DSS 与专家系统（ES）结合，分别发挥 DSS 数值分析与 ES 符号处理的特点，用于有效地解决定量与定性的问题及半结构化、非结构化的问题。这种 DSS 与 ES 结合的思想即构成了 IDSS 的初期模型。IDSS 的这种模型扩大了 DSS 处理问题的范围，提高了决策能力，因此它具有很强的生命力，并且在应用中发挥了巨大的作用，因而成为 DSS 发展的重要方向。IDSS 具有下列特点：

（1）具有推理机制，能模拟决策者的思维过程。通过提问和会话取得事实后，可应用知识库中的规则解决问题，得到答案。

（2）智能决策支持系统能跟踪问题的求解过程，对答案进行解释，增加了用户对决策方案的可信度。

（3）DSS 的重要功能是回答“What if”的问题，而 IDSS 能跟踪和模拟决策者的思维和思路，因此，它不仅能回答“What if”，而且能回答“Why”等解释性原因，从而使决策者不仅能知道结论，而且还能知道为什么产生那样的结论。

IDSS 与传统的 DSS 相比，增加了知识库及其管理系统与推理机构，使其不仅能处理数值的半结构化问题，而且还能处理逻辑的半结构化问题，即在传统 DDS 的问题处理系统中结合了专家系统（ES）求解问题的方法和技术。

目前，国外的 IDSS 系统均在实际应用中发挥了很大的作用。

2. IDSS 中的知识表示

IDSS 在传统的 DSS 体系结构基础上，增加了知识处理子系统或智能部件的成分。从广义的角度看知识，数据库属于事实性知识，模型属于结构性知识，算法和程序属于过程性知识，而规则属于产生式知识。而为了处理知识，首先要表示知识。对知识表示的研究形成了两种不同的观点和流派：符号主义和连接主义。

（1）符号主义

该流派认为人类认识事物的基本元素是“符号”，认知过程是符号上的运算，人工智能中专家系统的成就大多是基于符号处理。属于符号处理的知识表示形式包括谓词逻辑、产生式规则、语义网络、框架、剧本、过程性知识。

（2）连接主义

其产生于人工神经元网络的兴起。认为人类思维的基本元素是神经元，思维过程是信息在神经元连成的网络中相互传播，它是一个并行分布式处理过程，又称“连接机制”。

随着人类知识领域的不断丰富，知识结构更加复杂化，使 IDSS 的知识表示越来越困难。如何表示模型，如何表示关于模型建立和使用的知识，如何表示问题领域的知识已成为 IDSS 研究中迫切要解决的问题。

3. IDSS 的发展趋势

（1）人工智能技术用于 DSS 自身管理及公用功能，如关于模型的知识库系统、模型选择的匹配技术、人工智能用户界面等。

（2）利用人工智能的知识表达和推理能力为决策者提供领域问题的决策支持，如专家系统技术在 DSS 中的应用。从智能化应用的层次来看，主要有三种情况：一是使用在一些定量模块生成、目标或约束的调整、结果的分析与评价等方面；二是一个模块或子系统完全由专家系统或知识工程的方法构成；三是利用人工智能的思想和方法来进行整个 DSS 的总控和调度。

（二）IDSS 中的模型管理系统

模型管理系统是 IDSS 的核心部分，其功能是支持决策者构造模型、选择模型和利用模型。在实际中，为适应不同决策者的需要，独立运行的模型个体常常需要与其他模型结合起来，以适当的系列组成复合模型。这种创建过程涉及动态地选择必要的模型元件并以适当的协同方式组成模型系列，确定每个模型元件对不同决策问题的适应性。这就对模型管理系统提出了很高的要求，除了一般的管理功能以外，IDSS 的模型管理系统还必须具有以下五个方面的功能：

第一，必须具有知识表示与处理能力，能有效地提供关于模型建造与操纵的知识、关于领域的知识以及决策者的经验。

第二，能提供一般性的模型操纵方法，支持结构化的模型建造，同时，提供有效的模型选择策略。

第三，具有学习和自我演进的能力。

第四，提供模型的抽象与模型的具体相分离的机制。

第五，提供模型运行结果的解释机制。

有关这些方面的研究形成了以下三个重点研究方向：

1. 基于面向对象的模型管理

面向对象方法是一种以对象为中心认识客观世界的方法，它从结构组织角度模拟客观世界，把世界看成是由许多不同种类的对象构成，每个对象都有自己的内部状态和运行规律。面向对象的方法符合人类的思维方式，能够自然表现现实世界中的实体和问题，具有一种自然的模型化能力。使用面向对象方法开发的模型管理系统具有以下特点：

第一，面向对象方法的封装机制能够将模型及其对应的方法封装起来，形成一个统一实体，并以类的形式提供给用户。如把整数规划模型与其对应的方法封装在一起，形成一个独立的模型类。

第二，可以通过创建模型类的实例来实现模型的重用。

第三，面向对象方法的继承机制能够实现代码的共享。

第四，面向对象方法支持模型的集成。

第五，面向对象方法的多态性支持模型之间的连接。

总之，面向对象的模型表示方法是非常有效的模型表示形式，它实现了模型与方法的封装，通过子类继承超类的特性支持渐进式构模，支持模型之间的连接及模型与数据的维数独立性。

2. 基于神经网络的模型自动选择

在 IDSS 的模型管理中，模型的自动选择是一个有待解决的问题。在传统的 DSS 系统中，模型的选择是通过人机对话部分，由用户完成的。而在 IDSS 的体系结构中，由于模型的多样性及决策问题的复杂性，这就要求用户不仅要对决策问题做深入分析，提取出问题的特征和要素，同时，还要熟悉模型库中各模型的类型、结构及适用范围，这种对用户的过高要求是十分不现实的。因此，有必要研究出一种根据用户提出的决策问题而自动从模型库中选择合适模型的方法。人工神经网络技术为解决这一问题提供了可能。神经网络的自组织、自学习、自适应的能力已在模式识别领域中得到了广泛的应用。实际上，模型选择，尤其是模型结构的选择，也可以看作一种特殊的模式识别，即对问题的数据特征的识别，例如，对趋势预测模型结构的识别也就是对历史数据趋势的一种识别。

IDSS 的模型选择可以分为三个层次，即模型的类型选择、模型的结构选择和模型的实例确定。其中类型选择是根据问题的性质选取某类模型，结构选择是在某类模型中，根据问题的特征，从众多的模型结构中选取一个合适的模型结构。模型的实例确定是指在选择模型结构以后，采用与这种结构相对应的手段对该模型的结构进行评估。显然，神经网络技术在模型选择的前两个层次中可以发挥较好的作用。

3. 基于自然语言理解的模型自动选择

自然语言理解指计算机系统从用户输入的自然语言请求中抽取其语义。在 IDSS 的系统结构中，语言子系统为用户提供陈述问题的功能，问题处理子系统问题识别部分的功能是接受语言子系统表达的问题，使其成为计算机理解的内容。总的来说，这是一个自然语言理解问题。

在模型的选择中，设用户输入问题为 P，则 P 可用一个三元组来表示：P =（S，G，D），其中，S 是源问题的初始状态描述，D 是源问题中的数据，G 是问题的目标描述。自然语言理解能够识别 P 中的文字描述部分，即 S 或 G。对于 P 中的数据部分的识别，则须采用遗传算法予以解决，包括用决策树构造算法构造二元决策树，实现模型结构的选择，用遗传算法求解模型参数，确定模型实例。

三、群体决策支持系统

群体决策支持系统的概念出现于20世纪80年代早期。GDSS是指一种基于计算机的系统，它通过让一组决策者以群体的形式一起工作，使非结构化的难以决策的问题更易于解决。它能帮助决策者理解复杂的问题和环境，更能促进决策者之间的相互交流，增进彼此的信任，获得更佳的结果。近年来，它又汲取了计算机支持协同工作（CSCW）的成果，成为一个有巨大发展前途的研究领域。

设计与实现GDSS是十分复杂的，因为GDSS是一个涉及不同的个人、时间、地点、通信网络和其他技术的复杂的联合，它的运行方式还与制度及文化密切相关。近年来，分布式人工智能技术、Agent技术、互联网/内网技术的研究得到了迅猛的发展。互联网/内网技术可有效解决GDSS中群体通信管理与群体决策成员获取与利用组织外部信息资源问题；利用智能Agent技术所具有的特点，可有效地解决群体决策过程中的协调、协同及冲突消解问题。

利用GDSS进行决策，可分为集中式和分布式两种决策模式。这两种决策模式都涉及多个决策者，而且决策者之间存在着相互作用和相互影响。这种相互作用和相互影响是通过信息交流、信息共享来体现的。

在集中式模式下，群体成员共同解决同一问题，其焦点在于引导和协调各个参与者之间的相互影响和相互作用。通常的步骤是：第一，问题确认；第二，提出解决方案；第三，讨论和完成决策。

分布式决策所针对的问题非常复杂，单个的参与者无法了解它的全部。分布式决策活动的步骤：第一，问题分割；第二，任务分配；第三，各自分问题的求解；第四，汇总。

（一）群体决策支持系统研究的主要内容

1. GDSS的设计

GDSS研究领域中一个丰富的内容是与GDSS的软硬件设置有关的问题。在设计群体决策支持系统时的一个主要难点是不能将用户的参与作为系统分析的主要输入，因为在使用DSS前用户不能说出他们需要什么。因此，如何进行有效的系统设计是GDSS研究的发展趋势之一。

2. 信息交流模式

群体决策是群体成员间信息交流的结果，从这种意义上讲，GDSS的目标是改变群体内交流过程。信息交流的改变程度越大，对决策过程和决策质量的影响也越大。尽管不同的决策群体可能使用不同的决策规则，依赖不同的决策权力，但所有的决策群体有个共同的模式：在决策过程中有两个主要的方面相互作用，一个是任务（完成决策），另一个是社交需要（紧张/放松、同意/不同意、团结/敌对）。决策群体在完成任务的需要和维护群体的需要之间寻找平衡。人们希望面向任务的交流支配面向社交的交流，消极的社交交流支配积极的社交交流。因此，GDSS 的研究者应该研究群体成员间相互作用的流程，发现 GDSS 技术对群体的认识、行为、感情以及信息交流的属性和决策结果之间关系的影响，采用系统的、可靠的方法去研究与设计、设置和任务等相联系的信息交流模式。

3. 成员参与效果

群体中使用决策支持的结果表现在 GDSS 对讨论中的成员参与质量的影响，如果决策支持技术改变了成员参与的自然模式，就可能会出现一些问题。例如，匿名输入方法鼓励成员更好地参与，但使用决策支持技术后，一些成员可能会害怕即使他们的意见是匿名输入的，计算机技术也许会将他们的意见存储起来，事后某些人能够看到，心理紧张就会增加，参与质量就会降低。因此，需要认真研究决策支持系统对群体参与模式的影响。

4. 可察觉的距离成员间吸引力及群体凝聚力的影响

GDSS 中的电子通信会影响成员间可觉察到的距离，而可觉察到的距离进而会影响成员间的吸引力和群体凝聚力。人们希望电子通信会以不同的方法影响决策群体。例如，在面对面的会议中，GDSS 可使用电子通信来代替直接的语言交流以增加可以觉察到的距离。如果群体成员距离很远，若没有 GDSS，只能通过电话或简单的电子消息进行交流，GDSS 就可以用增加相互作用和语言交流等方式减少可察觉到的距离。GDSS 的一个研究方向是研究不同类型的系统对可觉察到的距离的影响。

5. 权力和势力的影响

GDSS 技术会增加参与的质量，减少成员个人、小团体的支配，可以感觉到的权力和势力应该分散。GDSS 将意见与意见的提出者分离。这样，意见就成为讨论的目标而不是这些意见的提出者。如果意见被匿名修改，成员个人不会知道谁支持谁反对这个意见。DSS 对权力和势力过程的影响，其中包括在会议内和会议外的，其应该是 GDSS 研究者研究的一个重要领域。

（二）基于多 Agent 的群体决策支持系统体系结构

多 Agent 系统是分布式人工智能研究的一个分支。Agent 是协作系统中的独立行为实体，它能够根据内部知识和外部激励决定并控制自己的行为，而且还可以与其他 Agent 有效协同工作。MAS 指多个 Agent 通过协作完成任务或达到某些目标的系统。MAS 具有社会性、自治性、协作性。当今动态、柔性、分布性的决策需求极大影响了 DSS 的结构。基于多 Agent 的 IDSS 体系结构，在一定程度上满足了这种需求。

1. 基于多 Agent 的分布式群体决策支持系统体系结构

大规模的管理决策活动不可能也不便于用集中方式进行，分布式群体决策支持系统是实现此类决策的必然选择。从客观上看很多活动涉及许多承担不同责任的组织单元和决策者，决策过程必需的信息资源或某些重要的决策因素分散在较大的活动范围内。决策的两个要素，决策者和决策对象均具有分布性。从主观角度来看，在知识经济时代，生产和市场的特点决定了单独的决策者由于知识和能力的限制，无法胜任复杂的决策任务，科学正确的决策也需要多个决策者协同进行工作。

多 Agent 系统恰恰适合求解功能或地理上分布的复杂问题，而它的协作策略和冲突的引发、消解策略也可胜任协同工作的要求。

每一个群体决策 Agent 的功能结构均是以知识的 DSS 结构为基础构造。其核心部分——信息处理器部分，可利用多库协同器，有效利用各库现有的成熟技术，协同各库形成广义的知识库，以实现决策支持。

2. 具有控制 Agent 的 IDSS 体系结构

分布式群体决策支持系统能较好地实现群体决策的目标，然而当前所使用的两种 Agent 的协作方式均有其自身的缺点。要使系统具有较高的智能，一般采用主动合作协同方式，但由于每个 Agent 均要同其他多个 Agent 进行协调，使得单个 Agent 的设计较为复杂，增加了系统实现的难度，也浪费了资源。

利用控制 Agent 可以构成类似于主从式的 DSS 系统。其中，每个群体决策 Agent 仍然为一个局部的 DSS 系统，功能结构同前，但其协调机制可以相对简化。系统的协调控制主要由控制 Agent 完成。控制 Agent 根据规则库中的规则，结合当前的系统运行状况对系统资源进行分配，同时对其他 Agent 个体的行为进行调度，负责启动或挂起某个 Agent 的工作进程，并在规则库中保存多个 Agent 个体之间的协作方式，通过控制 Agent 来调度系统资源。这种结构可以避免系统资源的浪费，并可使单个 Agent 个体的设计进一步简化。

3. 分层 IDSS 体系结构

企业要在当今的竞争社会制胜，不仅要做到对外部事件做出快速响应，在内部管理和决策机制上也要能采取主动应对措施。这就要求系统的各个环节能够具有决策的动态和柔性的特点，做到以下三点：

（1）能快速获取内部和外部的实时信息，并做出快速的反应。

（2）具有预测的功能，能对未发生的事件提前采取应对。

（3）具有学习功能。不仅能从实时信息中获取有用的知识，而且能够将应对过程产生的经验用于完善原有知识。

因其复杂性，要在每一环节达到这种要求，实现起来极为困难。由于企业的组织结构一般是分层次的，自上而下为战略层、战术层和执行层。为了解决上述决策支持系统的复杂性，用户可在组织内部构造分层次多 Agent 的决策支持模型。

在每一层次由 Agent 或 MAS 系统完成协同决策，每个 Agent 均具有学习功能，使系统在每个层面均具备动态及柔性的决策特点。它可以快速接收该层次的实时信息，通过直接处理或者向上级报告或下级发布命令来快速做出反应。

早期的决策支持系统大多功能较为单一，智能程度较低，所能支持的决策通常是一个层面、某个人的。因此系统一般是集中式、单一层次的。随着企业管理决策规模的扩大，跨地区、跨国公司的不断增加，出现了基于多 Agent 的分布式群体决策支持系统体系结构。它针对群体决策的要求，能使处于异地的决策者，通过系统的智能协调机制，共同参与决策。

为了简化分布式群体决策支持系统的协作机制，避免系统资源的浪费，上述结构可进一步演化为具有控制 Agent 的类似于主从式的 IDSS 系统。其主要是将原体系中集成了决策支持和协调机制的群体决策 Agent 的协调功能分离出，由控制 Agent 统一完成系统的调度和资源的分配，从而简化系统设计。为了满足竞争的需求，系统要求企业在各个环节具有动态和柔性的特点，即决策支持已经超出了单一的某个层面，而渗透到企业的各个层面。新型的基于多 Agent 的分层 IDSS 体系结构，不仅满足了企业各个环节动态、柔性决策的需求，同时也在一定程度上降低了系统复杂性。新型 IDSS 体系结构从简到繁，从弱智能到高智能，从功能单一、功能集成进一步发展为功能的有机分离，从集中式到分布式，从平面化到多层次的发展，满足了企业对于科学决策的要求。新型的基于多 Agent 的智能决策支持系统，可以为企业全面、快速、有效地决策提供有力的支持，从而全面提升企业的综合竞争力。

（三）其他与 GDSS 有关的系统

1. 谈判支持系统

谈判支持系统（NSS）是对商业小组的有冲突任务给予支持的计算机系统。NSS 的基本目的是帮助解决同一小组成员间或不同小组间的冲突点。NSS 与 GDSS 除了目标不同（NSS 支持冲突解决，而 GDSS 是帮助协调小组决策）之外，NSS 还与 GDSS 在其他方面有不同点。总的来说，GDSS 的氛围是开放的，相互信任的，而 NSS 则相反。因此，每个谈判方通常希望用他们自己的数据、决策模型和工具，这就需要在考虑 NSS 部件的时候要寻找一个折中的办法，也就是说，要解决如下的问题：使用哪一方的数据，为了帮助谈判成功用什么样的成交协议和谈判技术，在 NSS 模型管理中要有什么样的对策。

有研究者建议采用中立第三方的方法来解决上面的问题，NSS 支持中立第三方人作为一个中介人来协调谈判双方的谈判过程，NSS 也支持谈判的每一方。每一方可以完全控制自己私有的数据和工作空间，中介人必须首先确定一个双方都认可的数据集合，这个数据集合是作为一个开始点，一旦实际的谈判开始，数据集合可以随着时间的推移而变化。

2. 计算机支持协作工作

计算机支持协作工作（CSCW）的研究和应用强调的是通信系统的设计和实现、共享空间设施、共享信息设施和组织中的群体支持实施。GDSS、NSS 和分布式决策的计算机系统研究都是沿着 CSCW 中的同一条线上进行的，一个决策过程一般与其他信息处理、通信以及协作活动都有着密切的联系，多多借鉴 CSCW 也许会给组织中的群体决策及谈判的研究工作和应用注入新的活力。

第三节　进化计算

近年来随着人工智能领域不断扩大，传统的基于符号处理机制的人工智能方法在知识表示、信息处理和解决组合爆炸等方面所遇到的困难越来越明显，从而使得寻求一种适合大规模问题并具有自组织、自适应和自学习能力的算法成为有关学科的一个研究目标。大自然为人们解决各种问题提供了灵感。进化计算就是模仿自然界物竞天择、适者生存的进化机制来进行信息处理的技术。其基本思想是把问题求解归结为适应度函数的寻优过程，通过生成解的种群，对种群中解的结构进行遗传、变异、评价、选择等操作以生成新一代种群，如此循环迭代，使整个种群中的解不断向最优解逼近。

科研人员对生物进化机制的研究产生了三种典型的进化计算模型：遗传算法（GA）、进化策略（ES）、进化规划（EP）。这些方法的差异在于基因结构表达方式的不同及对交叉与变异作用的侧重点不同。

遗传算法、进化策略和进化规划都是模拟生物界自然进化过程而建立的鲁棒性计算机算法。科研人员发现它们有许多相似之处，同时也存在较大的差别。进化策略和进化规划都把变异作为主要搜索算子，而在标准的遗传算法中，变异只处于次要位置。交叉在遗传算法中起着重要作用，而在进化规划中却被完全省去。标准遗传算法和进化规划都强调随机选择机制的重要性，而从进化策略的角度看，选择（复制）是完全确定的。进化策略和进化规划确定地把某些个体排除在被选择（复制）之外，而标准遗传算法一般都对每个个体指定一个非零的选择概率。近些年来这些方法不断相互交流，使它们之间的区别正逐步缩小，因此，在总体的含义上统称它们为进化计算。

一、遗传算法

GA 类似于自然进化，通过作用于染色体上的基因寻找好的染色体来求解问题。与自然界相似，遗传算法对求解问题的本身一无所知，它所需要的仅是对算法所产生的每个“染色体”进行评价，并基于适应值来选择“染色体”，使适应性好的“染色体”有更多的“繁殖”机会。在遗传算法中，通过随机方式产生若干个所求解问题的数字编码，即“染色体”，形成初始群体，然后通过适应度函数给每个个体一个数值评价，淘汰低适应度的个体，选择高适应度的个体参加“遗传”操作，经过“遗传”操作后的个体集合形成下一代新的种群，再对这个新种群进行下一轮进化。这就是 GA 的基本原理。GA 算法流程如下：

第一步，初始化群体。

第二步，计算群体上每个个体的适应度值。

第三步，按由个体适应度值所决定的某个规则选择将进入下一代的个体。

第四步，交叉运算。

第五步，变异运算。

第六步，没有满足某种停止条件，则转第二步，否则进入第七步。

第七步，输出种群中适应度值最优的染色体作为问题的满意解或最优解。

GA 是基于“适者生存”的一种高度并行、随机和自适应的优化算法，它将问题的求解表示成“染色体”的适者生存过程，通过“染色体”群的一代代不断进化，包括复制、交叉和变异等操作，最终收敛到“最适应环境”的个体，从而求得问题的最优解或者满意解。

根据编码方式的不同，GA 主要可分为二进制型、序列型和浮点型三种，分别适用于不同类型的具体工程优化问题。在大多数情况下，不同的编码方式就对应于不同的遗传操作方式。下面以霍兰（John Holland）的遗传算法为主要讨论对象，结合旅行商问题（TSP）介绍 GA 实施主要的步骤。

（一）编码

将问题结构变换为位串形式编码表示的过程叫编码，而相反将位串形式编码表示变换为原问题结构的过程叫译码或解码。而把位串形式编码表示叫“染色体”，有时也叫个体。

编码的主要任务是建立解空间与“染色体”空间点的一一对应关系。遗传算法通常在“染色体”空间中进行操作。在多数情况下，不同的编码方式决定了不同的遗传操作方式。对编码的一般原则性要求主要有完备性、健全性和非冗余性。完备性是指解空间中的所有点都能表示为“染色体”空间中的点；健全性是指“染色体”空间中的所有点都能表示为解空间中的点；非冗余性是指解空间到“染色体”空间的一一对应。

（二）群体初始化

与传统优化方法相比，遗传算法一个显著的特点是对群体操作，因此，在进化的开始必须进行群体初始化，从而产生进化的起点群体。通常随机构造初始群体，当然也可以在初始群体中植入一些具有特殊“性状”的个体，以加速算法向全局最优解的收敛。

种群的“染色体”总数叫种群规模，它对算法的效率有明显的影响，规模太小不利于进化，而规模太大将导致程序运行时间长。对不同的问题可能有各自适合的种群规模，通常种群规模为30~100。

（三）遗传操作

简单遗传算法的遗传操作主要有三种，即选择、交叉、变异。改进的遗传算法大量扩充了遗传操作，以达到更高的效率。

选择操作也叫复制操作，其根据个体的适应度函数值所度量的优劣程度决定它在下一代是被淘汰还是被遗传。一般来说，选择将使适应度较大（优良）个体有较大的存在机会，而适应度较小（低劣）的个体继续存在的机会也较小，体现了“适者生存，不适者被淘汰”的生物进化机理。最常用的选择方式是赌轮选择、联赛选择和排序选择。

变异操作的简单方式是改变数码串某个位置上的数码。变异首先在群体中随机地选择一个个体，将选中的个体以一定的概率随机地改变串结构数据中某个串的值。

杂交与变异是最常用的遗传操作，杂交体现了同一群体中不同个体之间的信息交换，而变异则能维系群体中信息的多样性。它们在优化中的主要作用是以不同的方式不断产生新的个体。遗传操作被视为遗传算法的核心，它直接影响和决定了遗传算法的优化能力，是生物进化机理在遗传算法中最主要的体现。一般在程序设计中交叉发生的概率要比变异发生的概率选取得大若干个数量级，交叉概率取0.6~0.95的值，变异概率取0.001~0.01的值。

（四）评价

评价是遗传算法的驱动力，是遗传算法体现有向搜索区别于随机游荡的标志。它将同一群体中不同个体的优劣进行数值标量化，为选择操作提供客观依据。遗传算法评价准则的确定主要依赖于要求解的问题。

为了体现“染色体”的适应能力，引入了对问题中的每一个“染色体”都能进行度量的函数，叫适应度函数。通过适应度函数来决定“染色体”的优劣程度，它体现了自然进化中的优胜劣汰原则。对优化问题，适应度函数就是目标函数。TSP 的目标是路径总长度为最短，路径总长度的倒数就可以是 TSP 的适应度函数。

适应度函数要有效反映每一个“染色体”与问题的最优解“染色体”之间的差距，一个“染色体”与问题的最优解“染色体”之间的差距越小，则对应的适应度函数值之差就越小，否则就越大。适应度函数的取值大小与求解问题对象的意义有很大的关系。

（五）终止判定

如果说初始化是遗传算法的入口，终止判定则是它的出口。程序的停止条件最简单的有如下两种：第一，完成了预先给定的进化代数则停止；第二，种群中的最优个体在连续若干代没有改进或平均适应度在连续若干代基本没有改进时停止。

GA 是一种通用的优化算法，其编码技术和遗传操作比较简单，优化不受限制性条件的制约，而且其两个最显著的特点是并行性和全局空间搜索。目前，随着计算机技术的不断发展，GA 越来越受到人们的重视，并在机器学习、模式识别、图像处理、神经网络、优化控制、组合优化、VLSI 设计、遗传学等领域得到了成功应用。在实际应用过程上，GA 进一步得到发展和完善。

二、进化策略

进化策略（ES）是于 20 世纪 60 年代由德国的科研人员在研究流体动力学中的弯管形态优化过程时，共同开发出的一种适合于实数变量的、模拟生物进化的一种优化算法。其优化能力主要依靠变异算子的作用，后来受遗传算法的启迪，也引入了杂交算子，不过杂交是进化策略的辅助算子。

三、进化规划

进化规划（EP）与进化策略有许多相似之处。个体的表示与进化策略相同，不同之处在于它不用杂交算子，变异与选择方式也与进化策略不同。

进化规划的过程可理解为从所有可能的计算机程序形成的空间中搜索具有高适应度的计算机程序个体。在进化规划中，可能有几百或几千个计算机程序参与遗传进化。

进化规划最初由一随机产生的计算机程序群体开始，这些计算机程序由适合于问题空间领域的函数所组成，这样的函数可以是标准的算术运算函数、标准的编程操作、逻辑函数或由领域指定的函数。群体中每个计算机程序个体是用适应度来评价的，该适应值与特定的问题领域有关。

进化规划可繁殖出新的计算机程序以解决问题，它分为以下三个步骤：

（1）产生出初始群体，它由关于问题（计算机程序）的函数随机组合而成。

（2）迭代完成下述子步骤，直至满足选种标准为止。

①执行群体中的每个程序，根据其解决问题的能力，给其指定一个适应值。

②应用变异等操作创造新的计算机程序群体。

（3）在后代中适应值最高的计算机程序个体被指定为进化规划的结果。

第四节 模拟退火算法

模拟退火算法来源于固体退火原理，即将固体加温至充分高，再让其徐徐冷却。加温时，固体内部粒子随温升变为无序状，内能增大，而徐徐冷却时粒子渐趋有序，在每个温度都达到平衡态，最后在常温时达到基态，内能减为最小。

一、模拟退火算法的模型

模拟退火算法可以分解为解空间、目标函数和初始解三部分。模拟退火算法新解的产生和接受可分为如下四个步骤：

（1）由一个产生函数从当前解产生一个位于解空间的新解。

为便于后续的计算和接受，减少算法耗时，通常选择由当前新解经过简单的变换即可产生新解的方法，如对构成新解的全部或部分元素进行置换、互换等，产生新解的变换方法决定了当前新解的邻域结构，因而对冷却进度表的选取有一定的影响。

（2）计算与新解所对应的目标函数差。

因为目标函数差仅由变换部分产生，所以目标函数差的计算最好按增量计算。事实表明，对大多数应用而言，这是计算目标函数差的最快方法。

（3）判断新解是否被接受，判断的依据是一个接受准则。

（4）当新解被确定接受时。用新解代替当前解，只须将当前解中对应于产生新解时的变换部分予以实现，同时修正目标函数值即可。此时，当前解实现了一次迭代，可在此基础上开始下一轮试验。而当新解被判定为舍弃时，则在原当前解的基础上继续下一轮试验。

模拟退火算法与初始值无关，算法求得的解与初始解状态（算法迭代的起点）无关；模拟退火算法具有渐近收敛性，已在理论上被证明是一种以概率收敛于全局最优解的全局优化算法，并且模拟退火算法具有并行性。

二、模拟退火算法的参数控制问题

模拟退火算法的应用很广泛，可以求解 NP 完全问题，但其参数难以控制，其主要问题有以下三点：

（一）温度的初始值设置问题

温度的初始值设置是影响模拟退火算法全局搜索性能的重要因素之一，初始温度高，则搜索到全局最优解的可能性大，但因此要花费大量的计算时间；反之，则可节约计算时间，但全局搜索性能可能受到影响。实际应用过程中，初始温度一般需要依据实验结果进行若干次调整。

（二）退火速度问题

模拟退火算法的全局搜索性能也与退火速度密切相关。一般来说，同一温度下的充分搜索（退火）是相当必要的，但这需要计算时间。实际应用中，要针对具体问题的性质和特征设置合理的退火平衡条件。

（三）温度管理问题

温度管理问题也是模拟退火算法难以处理的问题之一。

第五节　知识表示

知识表示是建立专家系统及各种知识系统的重要环节，也是知识工程的一个重要方面。经过科研人员多年探索，现在已经提出了不少的知识表示方法，诸如一阶谓词逻辑、产生式规则、框架、语义网络、对象、脚本、过程等。这些表示法都是显式地表示知识，亦称为知识的局部表示。利用神经网络也可表示知识，这种表示是隐式地表示知识，亦称为知识的分布表示。

随着知识系统复杂性的不断增加，人们发现单一的知识表示方法已不能满足需要，于是又提出了混合知识表示。另外，还有所谓的不确定或不精确知识的表示问题。因此，知识表示目前仍是人工智能、知识工程中的一个重要研究课题。

一、一阶谓词逻辑表示法

一阶谓词逻辑表示法是人们最早使用的一种知识表示方法，具有简单、自然、精确、灵活、模块化的优点，它的推理系统采用归结原理。这种推理方法严格、完备、通用，在自动定理证明等应用中取得了很大的成功，它的缺点是难以表达过程性知识和启发性知识，不易组织推理，推理方法在事实较多时易于产生组合爆炸，且不易实现非单调和不精确推理。

在谓词逻辑中，命题是用谓词表示的。一个谓词可分为谓词名和个体两个部分，个体表示某个独立存在的事物或者某个抽象的概念，谓词名用于刻画个体的性质、状态或个体间的关系。

在谓词逻辑中，可以用连词来连接若干个谓词组成一个谓词公式，同时还可以引入量词来刻画谓词与个体间的关系。

谓词逻辑适合于表示事物的状态、属性、概念等事实性的知识，也可以用来表示事物间确定的因果关系，即规则。

二、产生式规则

产生式系统是人工智能中经常采用的一种计算系统，它的基本要求包括综合数据库、产生式规则和控制机构。

综合数据库是产生式系统所使用的主要数据结构，用来描述问题的状态。在问题求解中，它记录了已知的事实、推理的中间结果和最终结论。

产生式规则的作用是对综合数据库进行操作，使综合数据库发生变化。产生式系统问题求解的一般步骤如下：

步骤一：初始化综合数据库，把问题求解的初始已知事实送入综合数据库。

步骤二：若规则库中存在尚未使用过的规则，该规则的前件可与综合数据库中的已知事实匹配，则转步骤三；若综合数据库中不存在匹配所需要的事实，则转步骤五。

步骤三：执行当前选中的规则，对该规则做上使用标记，把该规则后件的结论送入综合数据库中。若该规则后件是操作，则执行这些操作。

步骤四：检查综合数据库中是否已包含了问题的解，若已包含，则终止问题的求解过程，否则转步骤二。

步骤五：要求用户提供关于问题的其他已知事实，若提供了新的事实，则转步骤二，否则终止问题的求解过程。

步骤六：若规则库中不再有未使用过的规则，则终止问题的求解过程。

需要指出的是，问题求解的过程与推理的控制策略有关，上述步骤只是针对正向推理方式给出的一般步骤，未涉及一些细节，如冲突消除、不确定性的处理等。

采用产生式规则显式地表达知识具有以下优点：

在一些特殊情况下使用的规则可被自动解释，并对用户透明。研制者和用户可在不中断全系统运行的情况下修改一些规则。

把新知识加入系统，只须简单地增加一些新的规则，不必考虑它们与系统如何适应，这是一个基本要求，可以把系统设计成能获得（或学到）新知识或既往经验。

尽管产生式规则有足够的表达能力来表示与领域有关的所有有用的推理规则和行为的规范说明，但它们在许多场合作为一种知识表示机制则显得不够完善。特别是它们不能有效地描述对象及一些静态关系，而描述这些最为有效的是框架。事实上，实际中使用最为成功的表示方法是将两者（框架和产生式规则）优点结合起来的混合表示机制。

三、语义网表示法

一个语义网由节点和弧组成，其中节点表示事实、概念或事件等，弧表示节点间的关系。它所表示的知识主要是关系知识。

节点可以是常量、变量或者用函数符号构成的项。弧可以是表示条件和结论，并能够组合成类别，这样的图称为扩展语义网络。用语义网表示知识的最大优点是可把各种事物有机联系在一起，体现了联想思维的过程。语义网表达知识的主要问题之一是如何处理量化，解决这个问题的一种方法是把语义网划分为一组多层空间，其中，每层空间都与一个或多个变量的辖域相对应。

语义网络的推理主要包括网络匹配、继承推理和网络演绎三个方面，推理过程如下：

第一，把待求解的问题构造为一个问题网络片段，其中有节点或弧的标志是空的。

第二，在语义网络知识库搜寻可与网络片段匹配的网络片段。在搜寻过程中，可根据需要进行继承推理和网络演绎。

第三，当问题网络片段与知识库中的某语义网络片段匹配时，则由此可匹配的语义网络片段得到问题的解。

四、框架表示法

框架是描述对象属性的一种数据结构，它通常由若干槽组成，每个槽可根据实际需要拥有若干个侧面，而每个侧面又可以拥有若干个值。槽和侧面所具有的属性值分别称为槽值和侧面值。

对于大多数问题，不能只用一个框架来表示，必须同时使用许多框架，组成一个框架系统。由于框架中的槽值或侧面值都可以是另一框架的框架名，因此可以通过一个框架找到另一个框架。共处于某一环境中的若干对象会有某些共同的属性，在对这些对象进行描述时，可以把它们具有的共同属性抽取出来，构成一个上层框架，然后再对各类对象独有的属性分别构成若干个下层框架。下层框架可以继承上层框架的属性和值，这样就可把一组有上下关系的框架组成具有层次结构的框架网络。

所谓框架的继承性，就是子节点的某些槽值或侧面值没有赋值时，可以直接从其父节点继承这些值。继承性是框架表示法的一个重要特性，它不仅可以在相邻的上、下两层框架之间实现继承，而且可以从最低层追溯到最高层，使高层框架的描述信息逐层向低层框架传递。

如建立如下的<教职工>和<教师>框架。

框架名：<教职工>

姓名：单位（姓，名）

性别：范围（男，女）

缺省：男

工作类别：范围（教师，干部，工人）

缺省：教师

学历：范围（中专以下，大专，本科，研究生）

缺省：研究生

框架名：<教师>

继承：<教职工>

部门：单位（院系，机关，附属单位）

职称：范围（教授，副教授，讲师，助教，其他）

缺省：副教授

如果某教师的实例框架如下：

框架名：<教师 1>

ISA：<教师>

姓名：李四

部门：管理工程系

那么由继承性可知，李四的性别为“男”，工作类别为“教师”，学历为“研究生”，职称为“副教授”。

ISA 槽的含义是“是一个”“是一只”，表示子节点与父节点关系，即<教师 1>是<教师>的一个特例，也就是说，<教师 1>可继承父框架<教师>的槽及槽值，而<教师>又继承父框架<教职工>的槽及槽值，从而使<教师 1>可继承<教师>和<教职>框架的槽及槽值。除了 ISA 槽外，其他常用的槽名还有 AKO、Subclass、Part-of，分别表示“是一种”、子类与类之间的类属关系、部分与全体关系。

在用框架表示知识的系统中，推理主要是通过匹配与填槽来实现的。因此，首先把要求解的问题用一个称为问题框架的框架表示出来，然后把初始问题框架与知识库中已有的框架进行匹配。框架的匹配是把两个框架相应的槽名及槽值逐个进行比较，如果两个框架的各对应槽没有矛盾或满足预先规定的某些条件，就认为这个框架可以匹配。按照一定的搜索策略，在不断寻找可匹配的框架并进行填槽的过程中，如果找到合适的框架，得到问题的解就成功结束，如果找不到合适框架就终止搜索。

五、人工神经网络的知识表示

人工神经网络的知识表示采用隐式表示方法，与传统人工智能系统（如谓词逻辑、产生式、框架、语义网络等）中知识表示所用的显式表示方法完全不同，它以分布方式表示信息，也就是用若干个节点，每两个节点间可以连接起来的网络表示信息，以往用以表示知识的语义网络是一个节点与一个概念对应，而人工神经网络是以节点的一种分布模式及加权量的大小与一个概念对应，这样即使某个节点上的信息属性发生了畸变与失真，也不至于使网络所表达的概念属性产生重大变化。

神经网络以隐式表示知识，这种知识不是通过人的加工转换成规则，而是通过学习算法自动获取的。由前所述介绍的神经网络可知，它是将某一问题的知识表示在同一网络中，并通过网络的计算来实现推理的。

除了上述介绍知识表示方法外，还有其他多种知识表示方法，如状态空间法、与/或树表示、面向对象表示法和剧本表示法等。

第六节 搜索原理

人工智能要解决的问题大多数是结构不良或者非结构的问题，对这样的问题一般不存在成熟的求解算法，而只能利用已有的知识一步步地摸索着前进。在这个过程中，存在着如何寻找一条推理路线，使得付出的代价尽可能小，而问题又能够得到解决的过程。人们称寻找这样路线的过程为搜索。

一、问题求解过程的形式表示

问题求解过程实际上是一个搜索过程。为了进行搜索，首先必须考虑问题及其求解过程的形式表示。

（一）状态空间表示法

状态空间表示法是问题表示及其搜索过程的一种形式表示方法。状态空间表示法用“状态”和“算符”来表示问题。

1. 状态

状态是描述问题求解过程中任一时刻状况的数据结构。

2. 算符

引起状态的某些分量变化，从而使问题从一个状态变为另一个状态的操作称为算符。

3. 状态空间

问题的全部状态和一切算符所构成的集合称为状态空间。一般用如下三元组表示：

$$(S,\ F,\ G)$$

其中，S——问题的所有初始状态构成的集合；

F——算符的集合；

G——目标状态的集合。

4. 状态空间图

状态空间图就是状态空间的图示形式，其中节点表示状态，有向边（弧）表示算符。

（二）与/或树表示法

与/或树表示法是用于问题表示及其搜索过程的另一种形式表示方法。对于一个复杂的问题，可以通过“分解”和“等价变换”两种手段相结合使用，得到一个图，这个图就是与/或图。

与/或树表示法初始问题通过一系列变换最终变为一个子问题的集合，而这些子问题的解可以直接得到，从而解答了初始问题。

1. 等价变换

是一种同构或同态的变换。

2. 本原问题

不能再分解或变换，而且直接可以求解的子问题，称为本原问题。

3. 终端节点与终止节点

在一棵与/或树中，没有子节点的节点称为终端节点；本原问题所对应的节点称为终止节点。

4. 可解节点

在与/或树中，满足下列条件之一者就称为可解节点：

（1）它是一个终止节点。

（2）它是一个“或”节点，且其子节点中至少有一个是可解节点。

（3）它是一个“与”节点，且其子节点全部是可解节点。

5. 不可解节点

关于可解节点的三个条件全部不满足的节点称为不可解节点。

6. 解树

由可解节点构成，且由这些可解节点可推出初始节点（它对应于原始问题）为可解节点的子树称为解树。

二、状态空间搜索

状态空间搜索的基本思想是首先把问题的初始状态（初始节点）作为当前状态，选择适用的算符对其进行操作，生成一组子状态，然后检查目标状态是否在其中出现。若出现，则搜索成功，找到了问题的解；若不出现，则按某种搜索策略从已生成的状态中再选一个状态作为当前状态。重复上述过程，直到目标状态出现或者不再有可供操作的状态及算符为止。

在搜索过程中，一般都用到 OPEN 表和 CLOSED 表。OPEN 表用于存放刚生成的节点，CLOSED 表用于存放将要扩展的节点。对于不同的搜索策略，节点在 OPEN 表中的排列顺序是不同的，如对广度优先搜索，节点按生成的顺序排列，先生成的节点排在前面，后生成的节点排在后面。

（一）盲目搜索

1. 广度优先搜索

从初始节点开始，逐层对节点进行扩展并考查它是否为目标节点。在第 n 层的节点没有全部扩展并考查之前，不对第 $n+1$ 层节点进行扩展。OPEN 表中的节点总是按进入的先后顺序排列，先进入的节点排在前面，后进入的节点在后。

广度优先搜索算法如下：

第一，把起始节点 S_0 放到 OPEN 表中（如果该起始节点为一目标节点，则求得一个解答）。

第二，如果 OPEN 是个空表，则没有解，失败退出，否则继续。

第三，把第一个节点（记为节点 n ）从 OPEN 表移出，并把它放入 CLOSED 扩展节点表中。

第四，扩展节点 n 。如果没有后继节点，则转向上述第二步。

第五，把 n 的所有后继节点放到 OPEN 表的末端，并提供从这些后继节点回到 n 的指针。

第六，如果 n 的任一个后继节点是个目标节点，则找到一个解答，成功退出，否则转向第二。

2. 深度优先搜索

从初始节点开始，在其子节点中选择一个子节点进行考查，若不是目标节点，则再在其子节点中选择一个子节点进行考查，一直如此向下搜索。当到达某个子节点，且该子节点既不是目标节点又不能继续扩展时，才选择其兄弟节点进行考查。

深度优先搜索方法能够保证在搜索树中找到一条通向目标节点的最短途径，这棵搜索树提供了所有存在的路径（如果没有路径存在，那么对有限图来说，我们就说该法失败退出；对于无限图来说，则永远不会终止）。

首先，扩展最深节点的结果使得搜索沿着状态空间某条单一的路径从起始节点向下进行下去，只有当搜索到达一个没有后裔的状态时，它才考虑另一条替代的路径。替代路径与前面已经试过的路径不同之处仅仅在于改变最后 n 步，而且保持 n 尽可能小。

对于许多问题，其状态空间搜索树的深度可能为无限深，或者可能至少要比某个可接受的解答序列的已知深度上限还要深。为了避免考虑太长的路径（防止搜索过程沿着无益的路径扩展下去），人们往往会给出一个节点扩展的最大深度——深度界限。任何节点如果达到了深度界限，那么都将把它们作为没有后继节点处理。值得说明的是，即使应用了深度界限的规定，所求得的解答路径也并不一定就是最短的路径。

与广度优先搜索不同，深度优先搜索是把节点 n 的子节点放入 OPEN 表的首部。

3. 有界的深度优先

深度优先搜索引入搜索深度的界限，即当搜索深度达到了深度界限，而尚未出现目标节点，就换一个分支进行搜索。

有界的深度优先搜索算法如下：

第一，把起始节点 S 放到未扩展节点 OPEN 表中。如果此节点为一目标节点，则得到一个解。

第二，如果 OPEN 为一空表，则失败退出。

第三，把第一个节点（节点）从 OPEN 表移到 CLOSED 表。

第四，如果节点 n 的深度等于最大深度，则转向第二。

第五，扩展节点，产生其全部后裔，并把它们放入 OPEN 表的前头。如果没有后裔，则转向第二。

第六，如果后继节点中有任一个为目标节点，则求得一个解，成功退出，否则转向第二。

4. 代价树的广度优先搜索

与/或树中，边上有代价（或费用）的树称为代价树。

代价树的广度优先搜索基本思想是每次从 OPEN 表中选择节点往 CLOSED 表中传送时，总是选择其代价最小的节点。

5. 代价树的深度优先搜索

其基本思想是从刚扩展的子节点中选择一个代价最小的节点送入 CLOSED 表进行考查。

（二）启发式搜索

启发式搜索是利用问题本身的某些启发信息，以制导搜索朝着最有希望的方向前进。

用于估价节点重要性的函数称为估价函数。它的一般形式如下：

$$f(x) = g(x) + h(x) \tag{2-1}$$

式中，$g(x)$ 为从初始节点到节点 S_0 已经实际付出的代价；$h(x)$ 为从节点 x 到目标节点 S_g 的最优路径的估计代价，体现了问题的启发性信息，$h(x)$ 又称为启发函数。

1. 局部择优搜索

当一个节点被扩展后，按 $f(x)$ 对每个子节点计算估价值，并选择最小者作为下一个要考查的节点。由于其每次都只是在子节点的范围中选择要考查的子节点，因此，称为局部择优搜索。

2. 全局择优搜索

其每次都是从 OPEN 表的全体节点中选择一个估价值最小的节点进行扩展。

在启发式搜索中，估价函数的定义是十分重要的。如果定义不当，则搜索算法并不一定能找到问题的解，即使找到解，也不一定是最优的，为此需要对估价函数进行某些限制。算法就是对估价函数进行了限制的一种搜索方法。

3. A^* 算法

如果启发式搜索的估价函数满足如下限制，则称为 A^* 算法。它把 OPEN 表中的节点按估价函数的值从小到大进行排序。

(1) $g(x)$ 是对 $g^*(x)$ 的估价，$g(x) > 0$。$g^*(x)$ 是从初始节点 S_0 到节点 x 的最小代价。

(2) $h(x)$ 是 $h^*(x)$ 的下界，即对所有的 x 均有 $h(x) \leqslant h^*(x)$ 是从节点 x 到目标节点的最小代价。若多个目标节点，则为其中最小的代价。

三、与/或树搜索

与/或树搜索策略也分为盲目搜索和启发式搜索两大类。类似地，其盲目搜索有广度优先搜索和深度优先搜索等，其启发式搜索则包括有序搜索和博弈树搜索。

（一）与/或树搜索简述

与/或树搜索的一般过程如下：

第一步，把原始问题作为起始节点 S_0，并把它作为当前节点。

第二步，应用分解或等价变换算符对当前节点进行扩展。

第三步，为每个子节点设置指向父节点的指针。

第四步，选择合适的子节点作为当前节点，反复执行第二步和第三步，在此期间可多次调用可解标示过程和不可解标示过程，直到初始节点被标示为可解节点或不可解节点为止。

由这个搜索过程所形成的节点和指针结构称为搜索树。

与/或树搜索的目标是寻找解树，从而求得原始问题的解。如果在搜索的某一时刻，通过可解标示过程可确定起始节点是可解的，则由此起始节点及其下属的可解节点就构成了解树。

与/或树的广度优先搜索和深度优先搜索分别与状态空间的广度优先搜索和深度优先搜索类似，只是在搜索过程中要多次调用可解标示过程和不可解标示过程。

（二）与/或树的有序搜索

与/或树的有序搜索可用来求取代价最小的解树。为了进行有序搜索，需要计算解树的代价。而解树的代价可通过计算解树中节点的代价得到。

要求出代价最小的解树，就要求搜索过程中任一时刻求出的部分解树的代价都应是最小的。为此，每次选择欲扩展的节点时都应挑选有希望成为最优解树一部分的节点进行扩展。由这些节点及其先辈节点（包括起始节点 S_0）所构成的与/或树称为希望树。

与/或树搜索的有序搜索是一个不断选择、修正希望树的过程。如果问题有解，则经过有序搜索将找到最优解树。

（三）博弈树的启发式搜索

诸如下棋、打牌、竞技、战争等一类竞争性智能活动称为博弈。博弈有很多种，其中，最简单的一种称为双方完备博弈，其特征如下：

第一，对垒的 A、B 双方轮流采取行动，博弈的结果只有三种情况：A 方胜，B 方败；B 方胜，A 方败；和局。

第二，在对垒过程中，任何一方都了解当前的格局及过去的历史。

第三，任何一方在采取行动前都要根据当前的实际情况，进行得失分析，选取对自己最有利而对对方最为不利的对策，不存在掷骰子之类的“碰运气”因素，即双方都是很理智地决定自己的行动。

在博弈过程中，任何一方都希望自己取得胜利。因此，当某一方当前有多个行动方案可供选择时，他总是挑选对自己最为有利而对对方最为不利的那个行动方案。此时，如果我们站在 A 方的立场上，则可供 A 方选择的若干行动方案之间是“或”关系，因为主动权在 A 方手里，他或者选择这个行动方案，或者选择另一个行动方案，完全由 A 方自己决定。当 A 方选取任一方案走了一步后，B 方也有若干个可供选择的行动方案，此时这些行动方案对 A 方来说它们之间则是“与”关系，因为这时主动权在 B 方手里，这些可供选择的行动方案中的任何一个都可能被 B 方选中，A 方必须应付每一种情况的发生。

这样，如果站在某一方（如 A 方，即 A 要取胜），把上述博弈过程用图表示出来，则得到的是一棵与/或树。描述博弈过程的与/或树称为博弈树，它是与/或树的一个特例，具有如下特点：

第一，博弈的初始格局是初始节点。

第二，在博弈树中，“或”节点和“与”节点是逐层交替出现的。自己一方扩展的节点之间是“或”关系，对方扩展的节点之间是“与”关系。双方轮流扩展节点。

第三，所有自己一方获胜的终局都是本原问题，相应的节点是可解节点；所有使对方获胜的终局都认为是不可解节点。

1. 极大极小法

在二人博弈问题中，为了从众多可供选择的行动方案中选出一个对自己最为有利的行动方案，就需要双方对当前的情况以及将要发生的情况进行分析，通过某搜索算法从中选出最优的走步。最常使用的分析方法是极小极大分析法。其基本思想或算法如下：

（1）设博弈的双方中一方为 A，另一方为 B，然后为其中的一方（例如 A）寻找一个最优行动方案。

（2）找到当前的最优行动方案需要对各个可能的方案所产生的后果进行比较，具体来说，就是要考虑每一方案实施后对方可能采取的所有行动，并计算可能的得分。

（3）计算得分需要根据问题的特性信息定义一个估价函数，用来估算当前博弈树端节点的得分。此时估算出来的得分称为静态估值。

（4）端节点的估值计算出来后再推算出父节点的得分，推算的方法是对“或”节点，选其子节点中一个最大的得分作为父节点的得分，这是为了使自己在可供选择的方案中选一个对自己最有利的方案；对“与”节点，选其子节点中一个最小的得分作为父节点的得分，这是立足于最坏的情况，这样计算出的父节点的得分称为倒推值。

（5）一个行动方案能获得较大的倒推值则它就是当前最好的行动方案。在博弈问题中，每一个格局可供选择的行动方案都有很多，因此会生成十分庞大的博弈树。试图利用完整的博弈树来进行极小极大分析是非常困难的。可行的办法是只生成一定深度的博弈树，然后进行极小极大分析，找出当前最好的行动方案。在此之后，再在已选定的分枝上扩展一定深度，再选最好的行动方案。如此进行下去，直到取得胜败的结果为止。

2. α-β 剪枝技术

在上述的极小极大分析法中，总是先生成一定深度的博弈树，然后再计算其倒推值，致使极小极大分析法效率较低。于是有人在极小极大分析法的基础上提出了 α-β 剪枝技术。

α-β 剪枝技术的基本思想或算法是边生成博弈树边计算评估各节点的倒推值，并且根据评估出的倒推值范围，及时停止扩展那些已无必要再扩展的子节点，即相当于剪去了博弈树上的一些分枝，从而节约了机器开销，提高了搜索效率。

对于一个或节点来说，取当前子节点中的最大倒推值作为它倒推值的下界，称此值为 α 值。对于一个与节点来说，取当前子节点中的最小倒推值作为它倒推值的上界，称此值为 β 值。

任何或节点 x 的 α 值如果不能降低其父辈节点的 β 值，则对节点 x 以下的分枝可停止搜索，并使 x 的倒推值为 α，这种剪枝称为 β 剪枝；任何与节点 x 的 β 值如果不能升高其父辈节点的 α 值，则对节点 x 以下的分枝可停止搜索，并使 x 的倒推值为 β，这种剪枝称为 α 剪枝。

除了这里介绍的传统搜索技术外，近些年来还出现了一些比较新的能够求解比较复杂问题的搜索方法，如前述的遗传算法和模拟退火算法等。

第七节　基本的推理方法

推理通常是指从已知的事实出发，通过运用已掌握的知识，找出其中蕴藏的事实，或归纳出新的事实。严格来说，推理是指按某种策略由已知判断推出另一判断的思维过程。推理包括两种判断：一种是已知的判断，它包括已掌握的求解问题有关知识和关于问题的已知事实；另一种是由已知判断推出新的判断，即推理的结论。

一、推理的基本概念

（一）推理方式和分类

1. 按从新判断推出的途径来划分

（1）演绎推理，即从全称判断推导出特称或单称判断的过程。

（2）归纳推理，即从足够的事例中归纳出一般性结论的推理过程。

（3）默认推理又称缺省推理，它是在知识不完全的情况下假设某些条件已经具备所进行的推理。

2. 按所用知识的确定性划分

（1）确定性推理是指推理时所用的知识都是确定的，推理出的结论也是确定的。

（2）不确定推理是指在推理时所用到的知识不都是确定的，推理出的结论也不完全是确定的。

3. 按推理过程划分

（1）单调推理

单调推理是指在推理的过程中随着推理的向前推进及新知识的加入，推理的结论呈单调增长的趋势，并越来越接近最终目标。

（2）非单调推理

非单调推理是指在推理的过程中，由于新知识的加入，不仅没有加强推出的结论，反而要否定它，使得推理退回前面一步，重新开始。

4. 按启发性知识划分

（1）启发式推理是在推理的过程中利用了能够加快推理进程、求得最优解的启发性知识的推理。

（2）非启发性推理是在推理的过程中并不利用能够加快推理进程、求得最优解的启发性知识的推理。

5. 按方法论划分

（1）基于知识的推理是根据已掌握的事实，通过应用知识进行的推理。

（2）直觉推理称为常识性推理，是根据常识进行的一种推理。

（二）推理控制策略

推理控制策略包括推理方向、搜索策略、冲突消解策略、求解策略和限制策略等。推理方向用于确定推理的驱动方式，分为正向推理、逆向推理、混合推理和双向推理。

1. 正向推理

其从用户提供的初始事实出发，在知识库中找出当前适合的知识，构成可适用的知识集，然后按某种冲突消解策略从知识集中选出一条知识进行推理，并将推理出的新事实加入数据库作为下一步推理的已知事实，如此重复这一过程。

2. 逆向推理

其首先选定一个假设目标，然后寻找支持该假设的证据，若所需要的证据都能找到，则说明假设是成立的；若无论如何都找不到所需要的证据，则说明原假设不成立。

3. 混合推理

既有正向推理又有逆向推理的推理方法就是混合推理。

4. 双向推理

所谓双向推理是指正向推理和逆向推理同时进行，且在某一步骤上相遇。其基本思想是一方面根据已知事实进行正向推理，但并不推到最终目标。另一方面，从某一假设目标出发进行逆向推理，但并不推至原始事实，而是让它们在途中相遇，即正向推理所得的中间结论恰好是逆向推理此时所需要求的证据。

求解策略是指推理时只求一个解，还是求所有解及最优解等。为了防止无穷的推理过程及由于推理过程太长从而增加时间及空间的复杂性，对推理的深度、宽度、时间、空间等进行限制，这就是推理的限制策略。

冲突消解过程是指在模式匹配后，若有多个知识匹配成功，则称这种情况为发生冲突。此时系统需要一定的策略解决冲突，以便从中挑选一个知识用于当前的推理，通常称这一解决冲突的过程为冲突消除。解决冲突所用的方法称为冲突消除策略。如产生式系统的冲突消解策略有：①最近激活的规则先执行；②最先激活的规则先执行；③成功率高的规则先执行；④针对性强的规则先执行；⑤可信度高的规则先执行。一般产生式系统都设计一种或几种组合的冲突消解方法。

二、自然演绎推理

从一组已知为真的事实出发，直接运用经典逻辑的推理规则推出结论的过程称为自然演绎推理，其基本推理规则是 P 规则、T 规则、假言推理、拒绝式推理等。

自然演绎推理的机理是由一组规则推出符合这些规则的具体结论，是从一般到具体的过程，或者说是从一般的原理到个别认识的推理。在演绎推理中，无论前提还是结论，只有真与假两种状态，非真即假。

P 规则：在推理的任何步骤上都可引入前提。

T 规则：在推理时，如果前面步骤中有一个或多个公式永真蕴涵公式 S，则可把 S 引入推理过程中。

假言推理的一般形式如下：

$$P,\ P\rightarrow Q\Rightarrow Q$$

它表示由 P→Q 和 P 为真，可推出 Q 为真。拒绝式推理的一般形式如下：

$$P\rightarrow Q,\ \neg Q\rightarrow\neg P$$

它表示由 P→Q 为真和 Q 为假，可推出 P 为假。

三、归结演绎推理

归结演绎推理是一种基于鲁滨孙归结原理的机器推理技术。鲁滨孙归结原理亦称为消解原理，是在海伯伦理论的基础上提出的一种基于逻辑的“反证法”。

（一）基本思想

其基本思想把要解决的问题作为一个要证明的命题，其目标公式被否定并化成子句形式，然后添加到命题公式集中去，把归结推理应用于联合集，并推导出一个空子句（NIL），产生一个矛盾，这说明目标公式的否定式不成立，即有目标公式成立，问题得到解决。这与数学中反证法的思想十分相似。

（二）归结演绎求解的步骤

给出一个公式集 F 和目标公式 Q，归结反演求证目标公式 Q，其证明步骤如下：

（1）否定 Q，得¬ Q。

（2）把¬ Q 添加到 F 中去。

（3）把新产生的集合行 {¬ Q，F} 化成子句集 S。

（4）应用归结原理对子句集 S 中的子句进行归结，并把每次归结得到的归结式都并入 S 中。如此反复进行，若出现空子句，就停止归结，此时就证明了 Q 为真。

四、基于规则的演绎系统

基于规则的问题求解系统采用易于叙述的如果-那么（if-then）规则来求解问题。它将问题的知识和信息划分为规则和事实两种类型。规则由包含蕴涵形式的表达式表示，事实由无蕴涵形式的表达式表示，这样的推理系统被称为基于规则的演绎系统。

在所有基于规则系统中，每个 if 可能与某断言集中的一个或多个断言匹配，有时把该断言集称为工作内存。在许多基于规则系统中，then 部分用于规定放入工作内存的新断言。这种基于规则的系统叫作规则演绎系统。在这种系统中，通常称每个 if 部分为前项，称每个 then 部分为后项。

有时，then 部分用于规定动作，这时，称这种基于规则的系统为反应式系统或产生式系统。

基于规则的演绎系统和产生式系统均有两种推理方式，即正向推理和逆向推理。

（一）正向演绎系统

正向演绎系统就是从事实出发，正向地使用蕴涵式（F 规则）进行演绎推理，直到某个目标公式的一个终止条件为止。

1. 事实表达式的与/或形变换

在基于规则的正向演绎系统中，把事实表示为非蕴涵形式的与/或形，作为系统的总数据库。对事实的化简，只须转换成不含蕴涵“→”的与/或形表示即可，而不必化为子句形式。

2. 事实表达式的与/或图表示

与/或形的事实表达式可用与/或图来表示。

3. 与/或图的 F 规则变换

在正向演绎系统中，应用规则作用于事实的与/或图，改变与/或图的结构，从而产生新的事实。规则形式如下：

$$L \rightarrow W$$

式中，L——单文字；

W——任意的与或形表达式。

L 和 W 中的所有变量都是全称量化的。

4. 利用目标公式作为结束条件

正向演绎系统的目标公式定义为文字的析取，当一个目标文字与/或图中的文字匹配时，系统便成功结束。

（二）逆向演绎系统

基于规则的逆向演绎系统，其操作过程与正向演绎系统相反，它从目标表达式出发，应用逆向规则（B 规则），直到事实表达式。

1. 目标表达式的与/或形式

在逆向演绎系统中，目标公式为无蕴涵的任意与/或形。

2. 与/或图的 B 规则变换

应用 B 规则即逆向推理规则来变换逆向演绎系统的与/或图结构，这个 B 规则是建立在确定的蕴涵式基础上的，正如正向系统的 F 规则一样。逆向演绎系统的规则形式如下：

$$W \rightarrow L$$

式中，W——任意的与或形表达式；

L——文字，而且蕴涵式中任何变量的量词辖域为整个蕴涵式。

3. 作为终止条件的事实节点一致解图

逆向演绎系统的事实表达式限制为文字的合取，可表示为文字的集合。逆向演绎系统的结束条件就是与/或图中包括一个结束在事实节点上的一致解图，该解图的合-复合作用于目标的表达式就是解答语句。

五、产生式系统

产生式系统首先是由波斯特于1943年提出的产生式规则而得名的。人们用这种规则对符号串进行置换运算。后来，美国的纽厄尔和西蒙于1965年利用这个原理建立一个人类的认知模型。同时，斯坦福大学利用产生式系统结构设计出第一个专家系统DENDRAL。

产生式系统用来描述若干个不同的以一个基本概念为基础的系统。这个基本概念就是产生式规则或产生式条件和操作对的概念。在产生式系统中，论域的知识分为两部分：一是用事实表示静态知识，如事物、事件和它们之间的关系；二是用产生式规则表示推理过程和行为。由于这类系统的知识库主要用于存储规则，因此又把此类系统称为基于规则的系统。

（一）产生式系统的组成

产生式系统由三个部分组成，即产生式规则、总数据库（或全局数据库）和控制策略。

1. 产生式规则

产生式规则是一个以“如果满足这个条件，就应当采取某些操作”形式表示的语句。例如，如果某种动物是哺乳动物，并且吃肉，那么这种动物被称为肉食动物。

产生式的如果（if）被称为条件、前项或产生式的左边，它说明应用这条规则必须满足的条件；那么（then）部分被称为操作、结果、后项或产生式的右边。在产生式系统的执行过程中，如果某条规则的条件满足了，那么这条规则就可以被应用；也就是说，系统的控制部分可以执行规则的操作部分。产生式的两边可用谓词逻辑、符号和语言的形式，或用很复杂的过程语句来表示，这取决于所采用数据结构的类型。

这里所说的产生式规则和谓词逻辑中所讨论的产生式规则，从形式上看都采用了ifthen 的形式，但这里所讨论的产生式更为通用。在谓词运算中的 if-then 实质上是表示了蕴涵关系，也就是说要满足相应的真值表。这里所讨论的条件和操作部分除了可以用谓词逻辑表示外，还可以有其他多种表示形式，并不受相应的真值表限制。

2. 总数据库

总数据库有时也被称作上下文、当前数据库或暂时存储器。总数据库是产生式规则的注意中心。产生式规则的左边表示在启用这一规则之前总数据库内必须准备好的条件。例如，在上述例子中，在得出该动物是肉食动物的结论之前，必须在总数据库中存有“该动物是哺乳动物”和“该动物吃肉”这两个事实。执行产生式规则的操作会引起总数据库的变化，这就使其他产生式规则的条件可能被满足。

3. 控制策略

其作用是说明下一步应该选用什么规则，也就是如何应用规则。通常从选择规则到执行操作分三步，即匹配、冲突解决和操作。

（1）匹配

在这一步，把当前数据库与规则的条件部分相匹配。如果两者完全匹配，则把这条规则称为触发规则。当按规则的操作部分去执行时，称这条规则为启用规则。被触发的规则不一定总是启用规则，因为可能同时有几条规则的条件部分被满足，这就要在解决冲突步骤中来解决这个问题。在复杂的情况下，数据库和规则的条件部分之间可能要进行近似匹配。

（2）冲突解决

当有一条以上规则的条件部分和当前数据库相匹配时，就需要决定首先使用哪一条规则，这称为冲突解决。

（3）操作

操作就是执行规则的操作部分，经过操作以后，当前数据库将被修改，然后其他的规则有可能被使用。

（二）产生系统的推理

产生式系统的问题求解过程即为对解空间的搜索过程，也就是推理过程。按搜索方向即可把产生系统分为正向推理、逆向推理和双向推理。正向推理又称为事实（或数据）推理、前向链接推理；逆向推理又称为目标推理、逆向链接推理。

1. 正向推理

正向推理又称为正向链接推理，其推理基础是逻辑演绎的推理链，它从一组表示事实的谓词或命题出发，使用一组推理规则，来证明目标谓词公式或命题是否成立。

实现正向推理的一般策略是先提供一批数据（事实）到总数据库中，系统利用这些事实与规则的前提匹配，触发匹配成功的规则（启用规则），把其结论作为新的事实添加到总数据库中。继续上述过程，用更新过的总数据库中的所有事实再与规则库中另一条规则匹配，用其结论再修改总数据库的内容，直到没有可匹配的新规则，不再有新的事实加到总数据库为止。

前件和后件可以用命题或谓词来表示，当它们是谓词时，全局前提与总数据库中的事实匹配成功是指对前件谓词中出现的变量进行某种统一的置换，使置换后的前件谓词成为总数据库中某个谓词的实例，即实例化后前件谓词与总数据库中某个事实相同。执行后件是指当前件匹配成功时，用前件匹配时使用的相同变量，按同一方式对后件谓词进行置换，并把置换结果（后件谓词实例）加进总数据库。

2. 逆向推理

逆向推理又称为逆向链接推理，其基本原理是从表示目标的谓词或命题出发，使用一组规则证明事实谓词或命题成立，即提出一批假设（目标），然后逐一验证这些假设。

逆向推理的具体实现策略是先假定一个可能的目标，系统试图证明它，看此假设目标是否在总数据库中，若在则假设成立。否则，看这些假设是否为证据（叶子）节点，若是，向用户询问；若不是，则再假定另一个目标，即找出结论部分中包含此假设的那些规则，把它们的前提作为新的假设，试图证明它。这样周而复始，直到所有目标被证明，或所有路径被测试。

3. 双向推理

双向推理又称为正逆向混合推理，它综合了正向推理和逆向推理的长处，克服了两者的短处。双向推理的推理策略是同时从目标向事实推理和从事实向目标推理，并在推理过程中的某个步骤，实现事实与目标的匹配。具体的推理策略有多种。例如，通过数据驱动帮助选择某个目标，即从初始证据（事实）出发进行正向推理，同时以目标驱动求解该目标，通过交替使用正逆向混合推理对问题求解。双方推理的控制策略比前两种方法都要复杂。美国斯坦福研究所人工智能中心研制的基于规则的专家系统工具 KAS，就是采用双向推理的产生式系统的一个典型例子。

基于经典逻辑的确定性推理是一种运用确定性知识进行的精确推理。但是，人们通常是在信息不完善、不精确的情况下运用不确定性知识进行思维和求解问题的。当采用产生式系统或专家系统的结构时，就要求设计者建立某种不确定性问题的代数模型及其计算和推理过程。

六、机器学习

（一）机器学习的基本概念

人类通过学习掌握知识和技能等。学习是人类具有的一种重要智能行为。但究竟什么是学习，至今未有一个统一定义，社会学家、心理学家和人工智能专家都在不断地探讨这个问题。按照人工智能大师西蒙的观点，学习就是系统在不断重复的工作中对本身能力的增强或者改进，使得系统在下一次执行同样或类似任务时，会比现在做得更好或效率更高。同样，对于机器学习我们目前很难给出一个统一和公认的准确定义。从字面上理解，机器学习是研究如何用机器来模拟人类学习活动的一门学科。从人工智能的角度出发则认为机器学习是一门研究所用计算机获取新知识和技能，并能够识别现有知识的科学。

（二）机器学习的分类

机器学习方法种类繁多，可以从不同的角度来对其进行分类，在每种分类中又可分为不同的学习方式。按照实现途径，机器学习可分为符号学习和连接学习。符号学习是靠学习程序来实现的，其将待学习的知识用符号方法进行描述（知识表示），学习程序输入的是数据、事实等各种信息，输出的是知识，即概念、规则等。符号学习是建立在符号理论基础上的，它以大量的知识为前提，而这些知识是人类专家总结出来的，至少解释这些知识的各种“事实”及解释“规则”是专家总结归纳的。

连接学习就是神经网络学习，人工神经网络是对生物神经网络的某种模拟或仿真。神经网络学习是基于生物神经网络的机器学习方法。

根据采用的策略，机器学习可分为记忆学习、示教学习、演绎学习、类比学习、归纳学习、解释学习、发现学习、遗传学习、连接学习等。

1. 记忆学习

记忆学习也叫死记硬背式学习或机械学习。这种学习方法不要求系统具有对复杂问题的求解能力，亦不要求推理技能，系统的学习方法就是直接记录问题有关的信息，然后检索并利用这些存储的信息来解决问题。

记忆学习是基于记忆和检索的方法，学习方法很简单，但学习系统需要以下三种能力：

（1）能实现有组织的存储信息

这种学习方法必须有一种快速存取的方法，使得利用已存的信息求解问题，得出结论，比重新计算该值更快。

（2）能进行信息综合

通常存储对象的数目可能很大，为了使其数目限制在便于管理的范围内，就需要某种综合技术。

（3）能控制检索方向

当存储对象增多时，其中可能有多个对象与给定的状态有关，这样就要求程序能从有关的存储对象中进行选择，以便把注意力集中到有希望的方向上来。

2. 示教学习

示教学习或称被告知学习。系统从老师或其他有结构的事物，如书本，获取知识，系统将输入语言表示的知识转换成其本身内部的表示形式，并把新的信息和原有的知识有机地结合为一体。因此，系统要做一些推理，但大量工作仍由老师来做。系统能接受指示和建议，并能有效存储和应用这些知识。

3. 演绎学习

演绎学习是基于演绎推理的一种学习。系统找出现有知识中与所要产生的新概念或技能十分类似的部分，将它们转换或扩大成适合新情况的形式，从而取得新的事实或技能。演绎学习包括知识改造、知识编译、产生宏操作、保持等价操作和其他保真变换。演绎学习与记忆学习或示教学习比起来，系统要做更多的推理，要从原有的存储中检索有关参数相类似的事实或技能，然后将检索出的知识进行变换，应用到新的情况中，再存储以备后用。例如，当系统能证明 A→S 且 B→C，则可得到规则 C，那么以后再求证就不必再通过规则和 B→C 去证明，而直接应用规则 A→C 即可。

4. 类比学习

类比学习是通过类比推理比较目标对象与源对象，从而运用源对象的求解方法来解决目标对象的问题。类比学习是一种允许知识在具有相似性质的领域中进行转换的学习策略，也是人类经验决策过程中常用的推理方法。例如，学生在做作业时，往往在例题和习题之间对比，找出相似性，然后利用这种相似性进行推理，找出相应的解题方法。

类比学习过程分为两步，首先归纳找出源域和目标域的公共性质，然后演绎推出从源域到目标域的映射，得出目标域的新性质。显然，类比学习过程既有归纳过程，又有演绎过程，因此，类比学习是演绎学习和归纳学习的组合，是由一个系统已有某领域中类似的知识来推测另一个领域内相关知识的过程。

5. 归纳学习

归纳学习是从特殊情况推导一般规则的学习方法。该方法给系统提供某一概念的一组正例和反例，系统归纳出一个总的概念描述使它适合所有的正例而排除所有的反例。例如，通过“麻雀会飞”“燕子会飞”等观察事实，可以归纳出“鸟会飞”这样规律性的结论。归纳推理能够获得新的概念，创立新的规则，发展新的理论。归纳推理与演绎推理不同，它不是保真的，而是保假的。形式化表示为设 A→B 是归纳推理，若 A 假，则 B 必假；若 A 真，则 B 不一定真。

基于事例的学习也就是示例学习或实例学习，是归纳学习中越来越受关注的学习方法之一。实例学习要求系统提供学习用的大量例子，这些正例和反例包含的是非常低级的信息，系统经学习环节可归纳出高水平的信息，并在一般情况下，可用这些规则指导执行环节的操作。实例学习不仅可以学习概念，也可以获得规则。这样的实例学习一般是通过所谓的实例空间和规则空间的相互转化来实现学习的。

6. 解释学习

归纳学习方法从根本上来说是以数据为第一位的，相应的研究成果较少考虑背景知识对学习的影响，基于解释的学习则力图反映人工智能领域里基于知识的研究和发展趋势，将机器学习从归纳学习方法向分析学习方法方向发展。

基于解释的学习是从问题求解的一个具体过程中抽取一般的原理，并使其在类似情况下也可利用。因为将学到的知识放进了知识库，简化了中间的解释步骤，可以提高今后的解题效率。解释学习与实例学习不同，解释学习分析的是一个或少数几个例子，加上给定的领域知识，进行保真的演绎推理，存储有用的结论，经过知识的求精和编辑，产生适应以后求解类似问题的控制知识。解释学习起源于经验学习，是对单个训练例子进行深入的分析，分析包括解释训练例子的目标概念，将解释结构泛化，使得它能比最初的例子适应更大一类例子，最后还要从解释结构中得到更大一类例子的描述，最终得到的这个描述是最初例子泛化的一般描述。

第三章　人工智能的基础算法理论

第一节　人工智能的算法构成

算法是计算机科学领域重要的基石之一，许多学生认为学计算机就是学各种编程语言，或者认为，学习最新的语言、技术、标准就是最好的铺路方法。编程语言虽然该学，但是学习计算机算法和理论更重要，因为计算机语言和开发平台日新月异，但万变不离其宗的是那些算法和理论，例如，数据结构、算法、编译原理、计算机体系结构、关系型数据库原理等。算法构成了人工智能的最为核心的内容。通过编制算法人类才可以将智慧“植入”机器系统中，从而构建能够表现智能行为的机器。因此，编制的算法越有智慧，那么所构建的机器也就越能够具有更加智慧的行为表现。从某种意义上讲，机器智能的限度就是能否找到相应智能算法的限度。能够找到算法的智能任务范围，也就是智能机器的可达能力范围。

人工智能研究的一个重要目的就是要找出尽可能多的智能算法，使我们的机器拥有尽可能多的心智能力。由此可见，算法在智能科学与技术领域中的重要地位，掌握算法运用的方法也就成为学习这一专业的最基本技能。

算法（Algorithm）就是实现目标任务的程序步骤，以解决逻辑或数学上的问题。计算机运用的每一个程序都是一个算法，其中的每个函数也都是一个算法。因此，实现目标任务时，首先是发现一个可以解决问题的算法，下一个重要的步骤就是考虑决定该算法所耗的资源，包括空间时间。接着是优化问题，优化问题是以数学思想为基础，用来求解问题的最优方案。

优化思维弥漫在我们生活的各个角落，例如，复杂的城市智能交通系统如何高效地调整区域交通控制信号才能更好地降低车辆延误的平均时间？在互联网时代，智能物流配送如何为我们的生活提供便利？在满足多样化用户需求的前提下，如何更有效地运用现有资源，获得最大的经济效益？优化问题在饮食、服装、机械、金融、汽车、互联网、船舶、电子、建筑业等方面得到迅速的推广与应用。

针对这些问题，学者提出了智能优化算法。智能优化算法以数学和生物学为基础，算法新颖独特。但这类算法往往不能确保解的最优性，众多情况下是在一个可以接受的解集中找到一个全局最优解。智能算法在处理非确定性信息方面发挥着独特优势，对计算中数据的不确定性有很强的适应能力。传统的智能算法主要包括，以生物进化规律为指导的进化算法（Evolutionary Algorithms，EAs）；模拟鸟群觅食过程信息共享的粒子群算法（Particle Swarm Optimization，PSO）；以生物遗传和不断进化为指导的遗传算法（Genetic Algorithm，GA）；模仿鱼群觅食、聚群、追尾等行为的人工鱼群算法（Artificial Fish-Swarm Algorithm，AFSA）；模拟生物免疫细胞分化、记忆、自我调节的人工免疫算法（Artificial Immune Algorithm，AIA）等。

一、人工智能的算法性质

（一）算法概念

所谓的算法，用实物来说就是做事的步骤。在日常生活中，我们完成某项任务，一般要遵循一定的算法步骤。例如，开车，首先要打开车门，驾驶员坐好，插上车钥匙，发动汽车。

如果强调精确执行性，那么计算“1+2+3+4+5”的问题就是一个机器可以真正精确执行的例子，其算法可表示为如下步骤：第一，先计算1+2，得到3；第二，将步骤一得到的结果加上3，得到6；第三，将步骤二得到的结果加上4，得到10；第四，将步骤三得到的结果加上5，得到15。显然，该算法最后得到的计算结果为15。

通过上述算法例子，我们不难了解算法的一些特点。当然，算法作为机器系统能够严格精确执行的操作步骤集合，我们必须对其下一个严格的定义，即算法是一组明确的、可以直接执行其步骤的有限有序集合。

（二）算法特征

一个算法应该具有以下五个重要的特征：

1. 有穷性（Finiteness）

算法的有穷性是指算法必须能在执行有限个步骤之后终止。

2. 确切性（Definiteness）

算法的每一步骤必须有确切的定义。

3. 输入项（Input）

一个算法有 0 个或多个输入，以刻画运算对象的初始情况，所谓 0 个输入是指算法本身定出了初始条件。

4. 输出项（Output）

一个算法有一个或多个输出，以反映对输入数据加工后的结果。没有输出的算法是毫无意义的。

5. 可行性（Effectiveness）

算法中执行的任何计算步骤都可以被分解为基本的可执行的操作步，即每个计算步都可以在有限时间内完成（也称之为有效性）。

（三）算法要素

另外，算法还具备两个要素：

1. 数据对象的运算和操作

计算机可以执行的基本操作是以指令的形式描述的。一个计算机系统能执行的所有指令的集合，成为该计算机系统的指令系统。一个计算机的基本运算和操作有如下四类：第一，算术运算，加、减、乘、除等运算；第二，逻辑运算，或、且、非等运算；第三，关系运算，大于、小于、等于、不等于等运算；第四，数据传输、输入、输出、赋值等运算。

2. 算法的控制结构

一个算法的功能结构不仅取决于所选用的操作，而且还与各操作之间的执行顺序有关。

（四）算法分析

另外，关于算法的理解就是解决问题的方法，通过不同的算法，有不同的解决问题的简便方式，从各个方面优化解决问题的方式。而一个算法的质量优劣将影响到算法乃至程序的效率。算法分析的目的在于选择合适算法和改进算法。一个算法的评价主要从时间复杂度和空间复杂度来考虑。

1. 时间复杂度

算法的时间复杂度是指执行算法所需要的计算工作量。一般来说，计算机算法是问题

规模 n 的函数 $f(n)$，算法的时间复杂度也因此记作：

$$T(n) = O[f(n)] \tag{3-1}$$

因此，问题的规模 n 越大，算法执行的时间的增长率与 $f(n)$ 的增长率正相关，称作渐进时间复杂度。

2. 空间复杂度

算法的空间复杂度是指算法需要消耗的内存空间。其计算和表示方法与时间复杂度类似，一般都用复杂度的渐近性来表示。同时间复杂度相比，空间复杂度的分析要简单得多。

3. 正确性

算法的正确性是评价一个算法优劣的最重要的标准。

4. 可读性

算法的可读性是指一个算法可供人们阅读的容易程度。

5. 健壮性

健壮性是指一个算法对不合理数据输入的反应能力和处理能力，也称为容错性。

计算机的程序设计中时刻会提到算法，其实算法也存在于我们的生活中，生活中的算法与程序设计中的算法是相似的，都体现出一个共同的方向——算法思维，目标都是解决问题。生活算法与程序设计算法类似，它也可以分成不同阶段：分析问题、寻找解决问题的途径和方法、解决问题的实践活动（例如用计算机进行处理）、算法的反思与优化。

生活中算法广泛地存在于我们身边。静下心来仔细分析生活，可以发现很多问题以及与之对应的算法。

二、人工智能的算法描述

（一）描述算法的方法有多种

常用的有自然语言、结构化流程图、伪代码和 PAD 图等，其中，最普遍的是流程图。各种描述语言在对问题的描述能力方面存在一定的差异；日常生活中我们一般采用自然语言来表达我们的思想，也常常采用某些图式来表达其相互关系。

流程图：特定的表示算法的图形符号；

伪语言：包括程序设计语言的三大基本结构及自然语言的一种语言；

类语言：类似高级语言的语言，例如，类 PASCAL、类 C 语言。

算法的描述方式主要有自然语言、流程图、伪代码等，它们的优势和不足可以简单地归纳如下：

1. 自然语言

（1）优势

自然语言描述的算法通俗易懂，不用专门的训练。

（2）不足

①由于自然语言的歧义性，容易导致算法执行的不确定性；

②自然语言的语句一般较长，导致描述的算法太长；

③当一个算法中循环和分歧较多时就很难清晰地表示出来；

④自然语言表示的算法不便翻译成计算机程序设计语言。

2. 流程图

（1）优势

流程图描述的算法清晰简洁，容易表达选择结构，它不依赖于任何具体的计算机和计算机程序设计语言，从而有利于不同环境的程序设计。

（2）不足

不易书写，修改起来比较费事，须借助专用的流程图制作软件来提升绘制和修改。

3. 伪代码

（1）优势

伪代码回避了程序设计语言的严格、烦琐的书写格式，书写方便，同时具备格式紧凑、易于理解、便于向计算机程序设计语言过渡的优点。

（2）不足

由于伪代码的种类繁多，语句不容易规范，有时会产生误读。

许多“数据结构”教材采用类 PASCAL 语言、类 C++或类 C 语言作为算法描述语言。

（二）算法描述的功能

1. 输入和输出语句

（1）输入：cin>>x；

其功能是读入从键盘输入的一个数，并赋予相同类型的变量 x。其中变量 x 的类型可以是整型、浮点型、字符型等不同类型。

该语句可用下面的形式同时输入多个不同类型的变量。

cin>>x1>>x2>>x3>>x4>>x5；

（2）输出：cout<<exp；

其功能是将表达式 exp 的值输出到屏幕上。其中表达式 exp 的类型可以是整型、浮点型、字符型等不同类型。

该语句可用下面的形式同时输出多个不同类型的表达式的值。

cout<<exp1<<exp2<<exp3<<exp4<<exp5；

2. 最小值和最大值函数 min 和 max

（1）最小值函数：datatypemin（datatypeexp1，datatypeexp2，…，datatypeexpn）；

返回表达式 expi（i=1，2，…，n）中的最小的值。其中元素类型 datatype 可以是各种类型。

（2）最大值函数：datatypemax（datatypeexp1，datatypeexp2，…，dalatypeexpn）；返回表达式 expi（i=1，2，…，n）中的最大的值。

3. 交换变量的值

x1<==>x2；交换变量 x1 和 x2 的值。

4. 注释

在双斜线"//"后面的内容就是注释的内容。例如，下面语句的右面就是一个注释。

A［i］=i*i；//此处为注释内容。

5. 程序错误输出提示

error（"exp"）；

（三）语句形式

1. 语法形式

算法描述语言的语法不是十分严格，它主要由符号与表达式、赋值语句、控制转移语句、循环语句、其他语句构成。符号命名、数学及逻辑表达式一般与程序书写一致。赋值用箭头表示。语句可有标志，标志可以是数字，也可以是具有实际意义的单词。例如，循环累加可表示为：

loop：n=n+l；

2. 赋值语句

将确定的数值赋给变量的语句叫作赋值语句。各程序设计语言有自己的赋值语句，赋值语句也有不同的类型。所赋“值”可以是数字，也可以是字符串和表达式。

注意很多语言都使用“等号”（“=”）来作为赋值号，所以可能和平时的理解不同，在使用的时候应予以注意。

（1）VB 语言中的赋值格式

例如，给变量 a 赋值一个数为 12，则格式为：a=12［注意：变量（即 a）只能是一个字母，而赋予的值可以是一个式子，当它是式子时，a 的值就是这个式子的结果］。

（2）C 语言中的赋值语句

如：inta；/＊“整数”类型 A＊/

a=12；/＊A 为 12＊/

C 语言规定，变量要先定义才能使用，也可以将定义和赋值在同一个语句中进行。

inta=12；/＊“整数”类型 A 为 12＊/

3. 条件语句

用来判断给定的条件是否满足（表达式值是否为 0），并根据判断的结果（真或假）决定执行的语句，选择结构就是用条件语句来实现的。

条件语句可以给定一个判断条件，并在程序执行过程中判断该条件是否成立，根据判断结果执行不同的操作，从而改变代码的执行顺序，实现更多的功能。VB 语言中的条件语句主要有 If 语句和 Select Case 语句两种。写程序时，常常需要指明两条或更多的执行路径，而在程序执行时，允许选择其中一条路径，或者说当给定条件成立时，则执行其中某语句。在高级语言中，一般都要有条件语句。

条件语句是一种根据条件执行不同代码的语句，如果条件满足则执行一段代码，否则执行其他代码。可将条件语句认为是有点像起因和结果。一种更好的类比方式可能是，使用一些父母辈可能会说的话，如下面的内容：

“如果你的房间是干净的，你会得到甜点。否则，你就得早点去睡觉。”

第一个起因是干净的房间，结果是可以得到甜点。第二个起因是不干净的房间，结果是必须早点上床休息。

在脚本上，可能需要创建类似的语句。可能如下面的内容一样：

“如果变量 my money 的值大于 1 000，那么发送警告告知我的金融状况没问题。否则，发出警告，告知我需要更多钱！”

4. 控制转移语句

无条件转移语句用“GOTO 语句标志”表示。条件转移语句用“IF C THEN S1 ELSE S2”表示，其中 C、S1 和 S2 可以是一个逻辑表达式，也可以是用“｛”与“｝”括起来的语句组。如果C为“真”，则S1被执行；如果C为“假”，则执行S2。

5. 循环语句

用来表示只要某个条件式保持为真就继续规定的计算活动，表示这样的算法步骤的语义结构就称为循环语义结构。一般采用如下的描述形式：

while（条件）do（活动）

其中while和do也是保留词。

循环语义结构的含义是“检查（条件）是否满足，如果其为真就执行（活动），并返回再次检查（条件）。只有当某次检查（条件）不满足时，才结束算法步骤”。比如，x初始值假定为0，那么

while（x≤6）do（x←x+1）

就意味着一直执行6次（x←x+l）计算，结果x的值变成了6，循环就此结束。

有了上述三种基本的语义结构描述形式，就可以用来表示完整的算法思想了。通常一个算法中的每一个相对独立的步骤，称为一个语句。算法中的语句，均可以用上面三种语义结构之一来描述，称为具体应用。在算法中，由这些语义结构组成的语句有序集合，就称为算法的伪码表示。为了使得这样的伪码表示更加具有可读性，一般规定语句之间用分号隔开。如果一个语句内部嵌有另一个语句，则采用缩进格式。比如语句：

if（x≤6）then（y←x+2）else（if（x≤6）then（y←x+2）else（y←x+6））

写成缩进格式就是

if（x≤6）

then（y←x+2）

else（if（x≤6）

then（y←x+2）

else（y←x+6））

进一步地，对于重复出现的伪码段或者相对独立的一段伪码，可以用固定名称加以命名定义，称为过程。一旦一个过程定义了固定名称，那么在需要出现该过程伪码段的地方，就可以直接用该名称替代这段伪码。一般过程的定义方式为：

procedurename（参量）

伪码段

引用之处直接用语句“procedurename”来代替所定义的这段“伪码段”。

比如，下面就定义了一个称为greetings的过程：

proceduregreetings（y）

```
x←y;
while (x≤6) do
(print ("hello");
x←x+1)
```

此时，其他需要完成这一过程功能的地方，只须直接调用这一过程名即可，比如：

```
if (x≤10) then (proceduregreetings (3) )
```

就等价于

```
if (x≤10) then (
x←3;
while (x≤6) do
(print ("hello");
x←x+1)
)
```

有时候，为了使伪码可读性更高，在嵌套的语句中，每一层语句的结束都用明显的标志来醒目地加以标记，使用诸如 endwhile、endif 等保留词。比如：

```
if (x≤10) then (
x←3;
while (x≤6) do
(print ("hello");
x←x+1)
)
```

写成

```
if (x≤10) then (
x←3;
while (x≤6) do
(print ("hello");
x←x+1)
) endwhile
) endif
```

使伪码的嵌套层次更加一目了然。

当然，这种做法并非强制性的，依赖于个人偏好。作为中国人，有时也可以用汉语保留词来替换英语保留词。只要不影响算法思想的表达，可以采用你自己认同的习惯方式来规定你的伪码表达习惯，前提是要让别人能够理解可读。

对于用流程图表达一个算法的过程，常常需要标记一个算法的开始和结束。有了表示算法的伪码原语和流程图，下面来介绍如何编写解决具体问题的算法了，即所谓的算法构造。

6. 其他语句

在算法描述中，还可能要用到其他一些语句，因为它们都是用最简明的形式给出的，故很容易知道它们的含义。例如，EXIT 语句、RETURN 语句、READ（或 INPUT）语句和 OUTPUT（或 PRINT、WRITE）语句等。

第二节　算法结构

算法是计算步骤的有序集合，自然构成算法的内容是按照一定顺序排列的语句集合。但是在顺序排列的基础上，算法往往也包含着非常复杂的组织结构，以便有效完成算法预定的各种复杂任务。为了有效地构造算法，我们必须学习并了解一般算法过程中常见的一些构造结构，特别是选择结构、迭代结构、递归结构。因此，在讨论算法运用时，下面专门对算法的结构进行了详细的分析。

通常可以采用程序流程图直接表示不同的算法结构，但为了简洁起见，更为了有效地表示算法结构，我们将采用一种由美国学者纳希（I. Nassi）和希内德曼（B. Shneidennan）提出的 N-S 盒图表示法来辅助分析算法的复杂结构。与流程图相比，这种盒图表示法既保留了流程图方式直观、形象和易于理解的优点，又去掉了流程图功能域不甚明确、控制流可能任意跳转的缺点，使得其更容易确定局部和全局数据的作用域。

毫无疑问，算法结构的基础是顺序结构，顺序结构反映的就是算法步骤按照先后给定的顺序依次执行的事实。算法的顺序结构是一目了然的，也是非常简单的，就计算复杂性而言，并不起关键作用。在算法的语句集合中，反映算法的复杂性主要体现在构成算法的具体语句结构之中。具体语句结构主要包括选择结构、迭代结构和递归结构，也是分析计算复杂性的重点所在。因此，下面我们来分析算法中的这三种具体结构：

一、选择结构

首先是选择结构，在算法实现中需要考虑多种可能情况的不同处理策略时，就会采用算法的选择结构，具体表示一般采用条件语句。

举例来说，对于给定的一个数据和一张数据表，要确定该数据是否在这张表中，就需要构造一个算法来解决这个问题，这样的算法称为数据查找算法。比如，查找某个人的姓名是否出现在给定的名单中，就属于这样一种数据查找问题。一般实现这一过程的伪码可以表示如下：

```
Proceduresearch（list，Target Value）
If（list 为空）
then（返回失败）
else（
TestEntry←在 list 中选择第一个表项；
while（Target ValueT≠TestEntry 且 TestEntry 不是最后一个表项）
do（TestEntry←在 list 中选择下一个表项）；
if（Target Value=TestEntry）
then（返回成功）
else（返回失败）
）endif
```

在上述算法中就多次用到了选择结构的 if 语句，当然实现选择结构的语句不只有 if 语句，有时也会采用情况语句。

```
switch（变量）
case“取值 1”（活动 1）
case“取值 2”（活动 2）
case“取值 n”（活动 n）
```

其中 switch、case 均为保留词。

鉴于情况语句可以化解为若干条件语句的组合，因此，无须给出专门的箱形图表示。不管是条件语句还是情况语句，选择结构本身不会增加计算复杂性。但是选择结构却是算法实现中非常重要的表达方式，可以有效地解决人们思维中的选择机制问题。因此，在算法的构造中通常少不了选择结构的运用。

二、迭代结构

在算法构造中第二种实现结构就是迭代结构。

迭代结构亦称循环结构，是最重要的控制结构，也是软件设计人员需要掌握的基本技能。当条件成立的时候，执行循环体内的代码，当条件不成立的时候，跳出循环，执行循环结构后面的代码。

迭代结构可以减少源程序重复书写的工作量，用来描述重复执行某段算法的问题，这是程序设计中最能发挥计算机特长的程序结构。

在算法的迭代结构中，一组指令以循环方式重复执行。为了更好地理解这种循环结构，再以上述数据查找算法为例，来详细分析循环结构算法的特点。在上述 Search 算法中，为了解决姓名查找问题，这里是从名单首列开始依次逐一将待查姓名与名单中出现的姓名进行比较，找到了就查找成功；如果名单结束也没有找到，则查找失败。现在，如果名单是按照字母顺序排列的，那么只须按照字母顺序查找即可，不必比较所有的表项。这样，实现这一过程的伪码可以表示如下：

```
Proceduresearch（list，Target Value）
if（list 为空）
then（返回失败）
else（
TestEntry←在 list 中选择第一个表项；
while（TargetValue>TestEntry 且 TestEntry 不是最后一个表项）
Do（TestEntry←在 list 中选择下一个表项）；
if（TargeValue=TestEntry）
then（返回成功）
else（返回失败）
）endif
```

上述新的 Search 算法是按照字母排列顺序来查找的，因此称其为顺序查找算法。简单分析可知，该算法的计算代价主要体现在 while 语句，如果表的长度为 n 的话，那么平均需要计算 n/2 计算步，因此算法的计算复杂性为 O（n）。

实际上，该算法中 while 语句就是一个迭代结构，而其中的指令“Test Entry←在 list 中选择下一个表项”以重复的方式被执行。

通常，一条或一组指令的重复使用方式称为循环的迭代结构。这样的结构一般由两个部分组成：循环体和循环控制条件。在上述顺序查找算法中，是通过 while 语句来实现这样的迭代结构的，其循环控制过程是检查条件、执行循环体、检查条件、执行循环体……直到条件为假。

一般来说，循环控制由状态初始化、条件检查和状态修改三个环节部分组成，其中，每个环节都决定着循环的成功与否。其中状态初始化设置一个初始状态，并且这一状态是可以被修改的，直到满足终止条件；条件检查是将当前状态与终止条件比较，如果符合就终止循环；状态修改就是对当前状态进行有规律的改变、使其朝着终止条件发展。比如，在顺序查找算法中，实现状态初始化的语句就是：

Test Entry←在 list 中选择第一个表项。

条件检查部分是：

Target Value>Test Entry 且 Test Entry 不是最后一个表项。

而状态修改部分则是：

Test Entry←在 list 中选择下一个表项。

这样，三个部分的联合就构成了一个循环迭代结构。

当然，除了 while 语句外，也可以采用 repeat 语句来实现循环控制过程，其使用规定如下：

repeat（活动）until（条件）

其中，repeat、until 都是保留词。repeat 语句的含义跟 while 语句不同之处是先执行循环体，然后进行条件检查。

由于 while 语句先检查条件，因此有可能循环体一次也不被执行就终止了循环；而 repeat 语句则起码要执行一次循环体，然后才有可能终止循环。我们称 while 语句是预查循环，而 repeat 语句是后查循环。

三、递归结构

任何一个可以用计算机求解的问题所需的计算时间都与其规模有关。问题规模越小，解题所需的计算时间往往也越少，计算也越容易。要解决一个较大的问题，有时是相当困难的。分治策略是应用最多的一种有效方法，它的基本思想是将问题分解成若干个子问题，子问题较原问题无疑是会容易些，然后求解子问题，并由此得出原问题的解，就是所谓的“分而治之”的意思。分治策略还可以递归，即子问题仍然可以用分治策略来处理，最后的问题非常基本而且简单。

分治的基本思想是将一个规模为 n 的问题分解为 k 个规模较小的子问题，这些子问题互相独立且与原问题相同。找出各部分的解，然后把各部分的解组合成整个问题的解。实现算法的同时，需要估计算法所需时间。分治算法在每一层递归上分为三个步骤，首先是分，即将原问题分解成一系列子问题。其次是治，即递归地解各子问题，若子问题足够小，则直接解之。最后是合，即将子问题的结果合并成原问题的解。

分治算法的时间由解决各个子问题所需的时间（由子问题的个数、解决每个子问题的时间决定）确定。

在 C 语言中，重复性操作可以通过循环结构或者递归结构完成。递归结构清晰，可读性强，而且容易用数学归纳法来证明算法的正确性，因此它给设计算法、调试程序带来很大方便。

从递归算法的结构来分析，设计递归算法时，无非要解决两个问题：递归出口和递归体。即要确定何时到达递归出口，何时执行递归体，执行什么样的递归体。递归算法设计的关键是保存每一层的局部变量并运用这些局部变量。由此，递归算法的设计步骤可从以下三步来进行：第一步，分析问题，分解出小问题；第二步，找出小问题与大问题之间的关系，确定递归出口；第三步，写出算法。

最后我们来分析递归结构。所谓递归，就是重复进行自身调用。

在算法结构中也一样，存在着比循环还要复杂的递归结构，同样可以实现重复计算任务。如果说循环是通过重复执行同样一组指令的方式来进行的，那么递归则是通过将一组指令当作自身的一个子程序进行调用来进行的。

为了直观起见，下面通过一个名叫折半查找的算法来说明算法中的递归结构。

对于同样的名字查找问题的递归分析，具体构造的算法如下：

```
Procedure Search（List，Targetvalue）
if（list）
then
(返回失败)
else（
Test Entry←选择 List 的“中间”值;
switch（Target Value）（case（Target Value=Test Entry）（
返回成功
)
case（Target Value>Test Entry）（
AList←位于 Test Entry 前半部分 List
返回 Procedure Search（BList，Target Value）的返回值
)
)
）endif
```

上述算法中，出现了过程自身调用的情况，这便是递归结构。递归过程的控制主要是通过过程调用参数的变化来进行的。在上述算法中这样的参数就是列表本身。如果追踪某个递归过程，那么就会发现，其计算过程是一层一层递进的，然后再一层一层返回。

对于递归结构而言，在动态执行过程中，递进的最大层数就称为该递归结构的递归深

度。对上述折半算法分析可知，递归算法的计算复杂性与递归深度密切关联，如果表的长度为 n 的话，那么平均需要计算的递归深度为 log 2n，因此算法的计算复杂性为 O（log 2n）。显然，折半查找算法的效率要高于顺序查找算法的效率。

从理论上讲，所有算法的结构都可以看作并化解为递归结构，关键在于递归的深度。其中作为计算理论之一的递归函数论，就是以递归的思想建立起完整的计算理论模型的。这就是我们在算法构造的原语介绍中，一开始就将各种算法步骤的描述方式称为递归语义结构的原因所在。

在算法中，递归的思想非常重要，如果说对于计算能力而言，比的就是算法，那么对于算法而言，比的就是递归。从更为广泛的视野讲，递归也是大自然的一种普遍现象，从自然界的分形，到语言、音乐、绘画中的嵌套结构，无不体现着递归的本性。正是从这个意义上讲，通过递归计算，算法的方法可以被应用到自然与人文的各个方面，特别是被应用到智能问题的求解之中。

第三节　问题求解

从人工智能初期的智力难题、棋类游戏、简单数学定理证明等问题的研究中开始形成和发展起来的一大类解题技术，简称解题，已形成一门独立的分支学科。解题技术主要包括问题表示、搜索和行动计划等内容。也有人对问题求解做更广泛的理解，即指为了实现给定目标而展开的动作序列的执行过程。这样，一切人工智能系统便都可归结为问题求解系统。

问题求解系统一般由全局数据库、算子集和控制程序三部分组成。

第一，全局数据库。用来反映当前问题、状态及预期目标。所采用的数据结构因问题而异，可以是逻辑公式、语义网络、特性表，也可以是数组、矩阵等一切具有陈述性的断言结构。

第二，算子集。用来对数据库进行操作运算，算子集实际上就是规则集。

第三，控制程序。用来决定下一步选用什么算子并在何处应用。解题过程可以运用正向推理，即从问题的初始状态开始，运用适当的算子序列经过一系列状态变换直到问题的目标状态。这是一种自底向上的综合方法。也可以运用逆向推理，即从问题的目标出发，选用另外的算子序列将总目标转换为若干子目标，也就是将原来的问题归约为若干较易实现的子问题，直到最终得到的子问题完全可解。这是一种自顶向下的分析方法。在通用解题程序 GPS 中提出的手段——目的分析，则是将正向推理和逆向推理结合起来的一种解题技术。采用这种技术时，不是根据当前的问题状态而是根据当前状态和目标状态间的差异，选用最合适算子去缩小这种差异（正向推理）。如果当前没有一个算子适用，那么就将现时目标归约为若干子目标（逆向推理），以便选出适用算子，依此进行，直到问题解决为止。人工智能许多技术和基本思想在早期的问题求解系统中便孕育形成，后来又有所发展。例如，现代产生式系统的体系结构大体上仍可分为三部分。只是全局数据库采用了更复杂的结构（例如，黑板结构），用知识库取代了算子集，控制功能更加完善，推理技术也有所发展。

一、空间搜索

在求解过程中使用规则来解题的办法是，从初始格局开始，运用所有可以运用的规则（当前的格局同规则左部的格局相同，则该规则就可以运用），去产生其全部可以产生的新格局（所运用规则右部的格局并未见于已有格局中），然后再对这些新格局的每一个，再重复同样的过程，直到不再有新的格局出现为止。这样就形成了所有从初始格局开始，运用规则所能产生的全体格局及其递推关系，我们称其为问题的状态空间。如果状态空间中出现了终结格局，那么从初始格局到终结格局的路径就构成了具体问题的一个解。当然，如果状态空间中有多条通向终结格局的路径，那么就说明该问题有多种解。

很显然，只要给出的具体格局之间有解的路径存在，那么采用上述策略，机器照样可以胜任工作，顶多花费多一点时间而已。但如果让人来进行足够大的数码问题的求解，不管你有多么快的思考速度，要按照这里的思路去解题，恐怕你会力不从心了。这其实就是人与机器在求解问题中的一个显著差别，当然也是机器所固有的一个最大优势：具有十分强大的计算和搜索能力。

利用状态空间搜索方法，原则上我们可以让机器解决一大类智力游戏问题。只要为机器找到反映问题本身状态（格局）及其变化规则，然后利用机器无比惊人的搜索能力去寻找解路径。

机器在解决问题时，同人类解决问题时所采用的那种审时度势和灵活应变的原则是大相径庭的。尽管机器有强大的搜索能力，但机器的计算速度总是有限的，特别是求解搜索空间特别庞大的问题。如何避免不必要的计算搜索也是机器要更好地解决实际问题所面临的课题。经过科学家的研究，作为一种改进，原则上机器也可以变得稍许“聪明”一点，虽然仍难逃机械搜索的窠臼，但确实可以避免许多不必要的搜索；特别是那些会陷入死胡同的路径，根本就不去搜索。

为了做到这一点，在实际的机器算法实现中，对于任意一种棋局状态都先将其与终结状态进行比较，计算其间的差距，然后每次在向前生成新棋局状态时，只对最有希望（差距最小）的做进一步搜索发展，并依此类推，直到遇到终结状态为止。只有在最佳棋局搜索发展失败时，才去发展次佳棋局。如果为了保证不丢失正确的路径或多种解的可能，则要求能够判断出每个棋局状态是否为无效棋局，而搜索只在有效棋局间展开。这样一来就可以避免大量不必要状态的试探。

用这种方法，就需要有对所解问题本身的了解并在大量经验或知识的基础上，设计出能巧妙估算出当前棋局好坏标准的策略和估算方法。只有有了这样的保证，才能够更加有效地实现问题求解，最终获得成功的解。

二、归结策略

也许有的读者会问，如果实际问题比独立钻石棋问题还要复杂，那么机器又如何求解呢？当求解的问题非常复杂，如果依然能用机器去解，此时往往需要将问题分解为一些相互联系又相对独立的子问题，然后对这些子问题逐步求解，最后求得总问题的解决，这种策略就称为问题求解的归结策略。其思想是分阶段对相关联的子问题各个击破，最后得出问题的求解结果。

能够靠归结方法解决问题，这就使得机器的解题能力大大提高、解题范围扩大。即使是一个实际生活中的复杂问题，你只要能够将其分解或归结为某些机器能够解决的子问题，那么原则上机器就可以解决这样的实际问题。

三、机器博弈

博弈，词语解释是局戏、围棋、赌博。现代数学中有博弈论，亦名“对策论”“赛局理论”，属应用数学的一个分支，表示在多决策主体之间的行为具有相互作用时，各主体根据所掌握信息及对自身能力的认知，做出有利于自己的决策的一种行为理论。目前在生物学、经济学、国际关系、计算机科学、政治学、军事战略和其他很多学科都有广泛的应用。博弈论主要研究公式化了的激励结构间的相互作用，是研究具有斗争或竞争性质现象的数学理论和方法，也是运筹学的一个重要学科。

什么是博弈论？古语有云，世事如棋。生活中每个人如同棋手，其每一个行为如同在一张看不见的棋盘上布一个子，精明慎重的棋手们相互揣摩、相互牵制，人人争赢，下出诸多精彩纷呈、变化多端的棋局。博弈论是研究棋手们“出棋”招数中理性化、逻辑化的部分，并将其系统化为一门科学。事实上，博弈论正是衍生于古老的游戏或曰博弈，如象棋、扑克等。数学家将具体的问题抽象化，通过建立自完备的逻辑框架、体系，研究其规律及变化。这可不是件容易的事情，以最简单的两人对弈为例，稍想一下便知此中大有玄妙：若假设双方都精确地记得自己和对手的每一步棋且都是最“理性”的棋手，甲出子的时候，为了赢棋，得仔细考虑乙的想法，而乙出子时也得考虑甲的想法，所以甲还得想到乙在想他的想法，乙当然也知道甲想到了他在想甲的想法……面对如许重重迷雾，博弈论怎样着手分析解呢？

人机博弈的典型案例：塞缪尔的跳棋程序；格林布莱特设计的国际象棋程序；IBM 公司研制的超级计算机“深蓝”；谷歌人工智能围棋“AlphaGo”。

几十年来，古老的围棋游戏一直是计算机难以涉足的领域，它的细微精妙使得人工智能在这方面远远落后于顶级的人类棋手。20 世纪末，IBM 的计算机“深蓝”打败了国际象棋世界冠军，很多人因此失落，甚至产生了恐慌的情绪。但是，要知道，围棋相对于象棋来说，其变数又是另一个数量级，围棋棋盘横竖各有 19 条线，共有 361 个落子点，双方交替落子，这意味着围棋总共可能有 10^{171} 种可能性。而宇宙中的原子总数是 10^{80}，即使穷尽整个宇宙的物质也不能存下围棋的所有可能性。这个来自中国的古老游戏，被很多人视为“智力巅峰”——其势万变，计算机不可挑战。

对于人机博弈来说，本质上的差异也是不能忽略的：机器相对于人类，它不会有意识，“心理”不会波动，不会产生紧张的情绪；“身体”不会产生疲倦，可以对有限算法进行无限次的训练和计算。因此，对于“征服围棋”这个带有哲学色彩的命题来说，缺乏思想、道德感和哲学理念的 AlphaGo 是难以真正实现的。

对于人机大战中人类智慧连连失利的事实，人类朋友们紧张和恐惧的情绪再度升级。有网友发出感叹：“一场围棋人机大战，人类被逼到了墙角。”“人机大战，留给人类的时间还多吗？”种种说法，不禁让科幻迷们联想到科幻小说《三体》中外星人入侵地球前的“漫漫长夜”。但是 AlphaGo 虽然具有类似人类的判断力，在“千古无同局”、极端烧脑的围棋比赛中碾压了人类智慧，但是这种恐惧思想似乎有些过了头。

一般我们认为促使人生爆发出能量的本源动力有三项：欲望、理智与激情。这三项东西正好可以从人类的进化链条中提炼出来。基于理智衍生出来的东西可以是推理和计算，基于欲望和激情衍生出来的东西则是想象力、理想等。那什么是人工智能呢？抽掉人的欲望和激情，再抽掉人的肉体限制并把剩下的理智力量无限放大，人工智能主要发展智能理智这一维度，并主要通过深度学习驱动，依赖于计算能力和大量数据。因此，基于数据和深度学习的人工智能更像是已知领域的专家，但并没能力像马克思那样去凭空创造出一个体系。归根结底，人工智能现在还只能是一个机器，处于弱人工智能的阶段。人工智能现在还不能完成自我的进化，现在深度学习的方法只是对已知的数据去重复、泛化它，其实解决的还是已经有的问题。人工智能，即便在下棋方面赢了人类，但只是取代重复性的脑力劳动，能够解决的问题还是非常有限的。

AlphaGo距离人脑水平仍然相当遥远，可能还需要几十年。在赛前发布会上，谷歌董事长施密特表示，正是人类的努力才让人工智能有了现在的突破，输赢都是人类的胜利。“AlphaGo”作为来自人工智能领域的使者，它更像一个火种照亮了未来科技的发展方向。面对脑海中勾勒出的科幻景象，我们没有理由选择拒绝。当有朝一日动画片中的机器人暖男“大白”真实地走入每个人的生活时，那会是多么有趣的一件事。

第四章　模糊计算

第一节　模糊计算数学基础

一、模糊集合

（一）模糊集合定义

模糊集合是描述模糊现象和模糊概念的数学工具，通常用元素及其隶属函数值表示。其具体定义如下：

给定论域（问题的限定范围）X，x 为论域 X 中的任一元素。那么论域 X 上的模糊集合 A，可以定义为：

$$A = \{(x, \mu_A(x)) \mid x \in X\} \tag{4-1}$$

式中，$\mu_A(\cdot)$ 被称为模糊集合 A 上的隶属函数（Membership Function）；$\mu_A(x)$ 为 x 隶属于 A 的程度。常用大写字母 A，B，C，…表示模糊集合。

由定义可以看出，模糊集合 A 完全由隶属函数 $\mu_A(\cdot)$ 来表征，$\mu_A(\cdot)$ 将 X 中的每个元素 x 映射为［0，1］上的一个值 $\mu_A(x)$。$\mu_A(x)$ 的大小反映了 x 隶属于 A 的程度，$\mu_A(x)$ 的值越大，表示 x 隶属于 A 的程度越高；$\mu_A(x)$ 的越小，表示 x 隶属于 A 的程度越低。当 $\mu_A(x)$ 的取值为｛0，1｝时，$\mu_A(x)$ 退化成普通集合的特征函数，模糊集合 A 也退化成一个普通集合。

（二）模糊集合的表示方式

模糊集合表示方式与论域的性质有关，当论域 X 为有限离散点集，即 $X = \{x_1, x_2, \cdots, x_n\}$ 时，模糊集合可以表示为以下三种方式：

1. Zadeh 表示法

$$A = \frac{\mu_A(x_1)}{x_1} + \frac{\mu_A(x_2)}{x_2} + \cdots + \frac{\mu_A(x_n)}{x_n} \tag{4-2}$$

式中，$\frac{\mu_A(x_i)}{x_i}$ 不是传统的分数意义，仅表示论域中的元素 x_i 与 $\mu_A(x_i)$ 之间的对应关系；“+”也不是求和，而是表示模糊集合在论域 X 上的整体。

2. 序偶表示法

$$A = \{(x_1, \mu_A(x_1)), (x_2, \mu_A(x_2)), \cdots, (x_n, \mu_A(x_n))\} \tag{4-3}$$

序偶表示法中，隶属度为 0 的项可以不列写。

3. 向量表示法

$$A = \{\mu_A(x_1), \mu_A(x_2), \cdots, \mu_A(x_n)\} \tag{4-4}$$

在向量表示法中，隶属度为 0 的项不能省略。

当 X 是有限连续论域时，模糊集合 A 可以表示为：

$$A = \int_x \frac{\mu_A(x)}{x} \tag{4-5}$$

式中，“$\int_x$”不表示“积分”或“无限求和”的意思，仅表示论域 X 上所有的元素 x 与隶属度 $\mu_A(x)$ 的对应关系；$\frac{\mu_A(x)}{x}$ 的意义同式（4-2）一样，仅表示论域上元素 x 与隶属度 $\mu_A(x)$ 之间的对应关系。

（三）隶属函数

从模糊集合的表达方式可以看出，隶属度的概念使模糊集合可以描述模糊现象，事物的模糊性实质上是由隶属函数来表征的。因此，隶属函数在模糊理论中具有十分重要的作用。

1. 隶属函数的数学表达形式

隶属函数的表达形式有很多种，对于离散论域上的模糊集合，可以通过列举法写出其隶属度。但是，对于连续论域上的模糊集合，欲列出定义隶属函数的所有有序数对是不切实际的。因此，在连续论域上，模糊集合的隶属函数只能以数学表达式的方式来描述。下面给出三种典型的隶属函数（MF）的表达形式。

(1) 三角形隶属函数

三角形隶属函数由三个参数 $\{a, b, c\}$ 来描述:

$$f(x; a, b, c)=\mu_A(x; a, b, c)=\begin{cases}0 & (x \leqslant a) \\ \dfrac{x-a}{b-a} & (a \leqslant x \leqslant b) \\ \dfrac{c-x}{c-b} & (b \leqslant x \leqslant c) \\ 0 & (c \leqslant x)\end{cases} \tag{4-6}$$

参数 $\{a, b, c\}$ $(a<b<c)$ 决定了三角形隶属函数三个角的 x 坐标。当 $c-b=b-a$ 时, $\mu_A(x; a, b, c)$ 对应的隶属函数是一个等腰三角形。

(2) 梯形隶属函数

梯形隶属函数由四个参数 $\{a, b, c, d\}$ 来描述:

$$f(x; a, b, c, d)=\mu_B(x; a, b, c, d)=\begin{cases}0 & (x \leqslant a) \\ \dfrac{x-a}{b-a} & (a \leqslant x \leqslant b) \\ 1 & (b \leqslant x \leqslant c) \\ \dfrac{d-x}{d-c} & (c \leqslant x \leqslant d) \\ 0 & (d \leqslant x)\end{cases} \tag{4-7}$$

参数 $\{a, b, c, d\}$ $(a<b<c<d)$ 决定了梯形隶属函数的四个角的 x 坐标值。当 $d-c=b-a$ 时, $\mu_B(x; a, b, c, d)$ 对应的隶属函数是一个等腰梯形。当 $b=c$ 时,梯形隶属函数退化为三角形隶属函数。

由于三角形隶属函数和梯形隶属函数的形式简单、计算效率高,因此应用广泛,特别是对实时性要求较高的系统。

(3) 高斯型隶属函数

高斯型隶属函数由两个参数 $\{c, \sigma\}$ 表示:

$$f(x; c, \sigma)=\mu_C(x; c, \sigma)=e^{-\frac{1}{2}\left(\frac{x-c}{\sigma}\right)^2} \tag{4-8}$$

高斯隶属函数完全由 c 和 σ 所确定, c 表示隶属函数的中心, σ 决定隶属函数的宽度。

此外,还有 S 型(Sigmoid 型)隶属函数 $f(x; a, c)=\dfrac{1}{1+e^{-a(x-c)}}$、钟形隶属函数 $f(x; a, b, c)=\dfrac{1}{1+\left|\dfrac{x-c}{a}\right|^{2b}}$ 等,这里不再一一详述。

2. 隶属函数的确定

隶属函数是对模糊概念的定量描述，正确地选取并确定模糊集合的隶属函数，是运用模糊集合理论解决实际问题的基础性工作。

尽管本质上隶属函数的确定应该是客观的，但由于客观事物概念外延的模糊性，人们对于同一个模糊概念的理解、认识又有差异，因此，隶属函数的确定又带有主观性。对于同一个模糊概念，不同的人会给出不完全相同的隶属函数。但只要能反映同一模糊概念，那么，在解决和处理实际模糊问题时，不同的隶属函数仍然可以达到相同的效果。

下面给出五种常用的确定隶属函数的方法：

（1）模糊统计法

设 A 是论域 X 上的模糊集合，若给定论域中的某一元素 $x(x \in X)$ ，试确定隶属函数 $\mu_A(x)$ 。对于这种情况，可以用统计的方法获得该模糊集合的隶属函数。具体的方法是：让 n 个人参与隶属函数 $\mu_A(x)$ 的确定。首先让这些人判断 x 是否属于 A ，然后统计判断结果，最后将隶属的频率作为 $\mu_A(x)$ 。即：

$$\mu_A(x) = \frac{x \in A \text{ 的次数}}{n} \tag{4-9}$$

（2）加权平均法

加权平均法实质上是让更多的人共同参与隶属函数的确定。在给定论域 X 上，设有模糊集合 A ，试用加权平均法确定 A 的隶属函数 $\mu_A(x)$ 。

首先选取 n 个人，每人给出一个确定的结果，假设第 i 个人给出的隶属函数为 $\mu_A^i(x)$ ，然后将该结果赋予一定的权值，最后求其平均值，即可得到该模糊集合的隶属函数，即模糊集合 A 的隶属函数 $\mu_A(x)$ ，为：

$$\mu_A(x) = \frac{1}{n}\sum_{i=1}^{n} w_i \mu_A^i(x) \tag{4-10}$$

式中，$0 \leqslant w_i \leqslant 1$，为权系数。

（3）专家确定法

由于模糊集合描述的客观事物具有模糊性，这种模糊性的把握与准确表达需要丰富的知识、经验等，因此，对于某些模糊问题通常由问题涉及的领域专家或权威人士直接给出隶属函数。例如，民事纠纷调解中的法官、体育比赛中的裁判等。

（4）二元对比排序法

在有限论域的多个元素中，通过把它们两两对比，确定其在某种特性下的顺序，据此确定出它们对该特性的隶属函数大体形状，再通过与常用函数图形对比，确定其归属的隶属函数。

（5）辨识法

辨识法的基本过程是：首先确定模糊集合隶属函数的表达形式，如三角形或高斯型隶属函数等；然后通过调整所确定隶属函数的参数来调试与拟合模糊集合与实际值之间的关系；当参数调整后的隶属函数能够反映出模糊现象的模糊特性时，说明该隶属函数就是所要确定的隶属函数。

（四）模糊集合的基本运算

模糊集合与普通集合类似，也有相等、包含、并、交、补等运算。

（1）设 A、B 为论域 X 上的两个模糊集合，若对于任意 $x \in X$，都有 $\mu_A(x) = \mu_B(x)$，则称 A 与 B 相等，记作 $A = B$。

（2）设 A、B 为论域 X 上的两个模糊集合，若对于任意 $x \in X$，都有 $\mu_A(x) \geqslant \mu_B(x)$，则称 A 包含 B，记作 $A \supseteq B$。

（3）设 A 为论域 X 上的模糊集合，若对于任意 $x \in X$，都有 $\mu_A(x) = 0$，则称 A 为模糊空集，记作 $A = \varnothing$。

（4）设 A、B 为论域 X 上的两个模糊集合，对于 X 的任一元素 x，定义模糊集合并集、交集、补集如下：

$$\mu_{A \cup B} = \max\{\mu_A(x),\ \mu_B(x)\} = \mu_A(x) \vee \mu_B(x) \tag{4-11}$$

$$\mu_{A \cap B} = \min\{\mu_A(x),\ \mu_B(x)\} = \mu_A(x) \wedge \mu_B(x) \tag{4-12}$$

$$\mu_A c(x) = 1 - \mu_A(x) \tag{4-13}$$

记作：$A \cup B$、$A \cap B$、A^c。

（五）模糊集合与经典集合的联系

在处理实际问题时，有时需要对模糊概念做出明确的判决，也就是说要判断某个元素对模糊集的明确归属。例如，对一特定人群挑选出“高个子”来。根据模糊集合是通过隶属函数表征的特点，如果约定：当论域中的元素 x 对于 A 的隶属度达到或超过 x 时，x 就一定是 A 的成员了，这样模糊集合 A 就变成了经典集合 A_λ。虽然“高个子”是个模糊集合，如果定义“身高 1.75m 以上的人”是“高个子”，这样，“高个子”便是一个经典集合，这就引出了截集的概念。

1. 模糊集合的截集

设 $0 \leqslant \lambda \leqslant 1$，若：

$$A_\lambda = \{x \in X \mid \mu_A(x) \geqslant \lambda\} \tag{4-14}$$

称 A_λ 是 A 的 λ 截集，它是一个经典集合，λ 称为阈值或置信水平。

设 $0 \leqslant \lambda \leqslant 1$，若：

$$A_{\lambda^+} = \{x \in X \mid \mu_A(x) > \lambda\} \tag{4-15}$$

则称 $A_{\lambda+}$ 是 A 的 λ 强截集。

2. 分解定理

设 A 为论域 X 上的一个模糊集合，A_λ 是 A 的 λ 截集，$\lambda \in [0, 1]$，则有如下分解式成立：

$$A = \bigcup_{\lambda \in [0,\ 1]} \lambda A_\lambda \tag{4-16}$$

式中，λA_λ 为 X 的一个模糊子集，其隶属函数规定为：

$$\mu_{\lambda A_\lambda}(x) = \begin{cases} \lambda (x \in A_\lambda) \\ 0 (x \notin A_\lambda) \end{cases} \tag{4-17}$$

分解定理证明了用经典集合可以构造模糊集合，它沟通了模糊集合与经典集合的联系。

二、模糊关系

世上万物是普遍联系的。有的事物之间有着清晰明确的关系；更多的事物之间存在着非清晰的关系，是一种“若即若离、模棱两可”的联系。前者可以用“经典关系”来刻画，后者则可以借助“模糊关系”来表征。模糊关系不仅可以明确事物之间是否有联系，而且可以给出其相互之间联系的程度。由此，也可以说模糊关系从更深层次上揭示了事物间的相互关联属性。

（一）模糊关系的基础运算

模糊关系既可以反映某个元素从属模糊集的程度元模糊关系，也可以反映两个模糊集合（甚至多个模糊集合）元素之间的关联程度——二元模糊关系或多元模糊关系，它是笛卡儿积上的模糊集合，常用大写字母 Q，R，S，…来表示。

1. 模糊关系的基本概念

（1）两个集合 X、Y 的笛卡儿积：

$$X \times Y = \{(x, y) \mid x \in X, y \in Y\} \tag{4-18}$$

中的一个模糊关系 $R(X, Y)$ 是指以 $X \times Y$ 为论域的一个模糊集合，即：

$$R(X, Y) = \{[(x, y), \mu_R(x, y)] \mid (x, y) \in X \times Y\} \tag{4-19}$$

式中，$R(X, Y)$ 称作 $X \times Y$ 中的二元模糊关系；$\mu_R(x, y)$ 为 (x, y) 隶属度，其取值范围是闭区间 $[0, 1]$，它的大小反映了 (x, y) 具有关系 $R(X, Y)$ 的程度。

模糊关系往往用来表示模糊事件之间所具有的某种关系的程度，其中，二元模糊关系是现实生活最广泛的模糊关系形式，多元模糊关系可以直接从二元模糊关系中推导出来。本质上，二元模糊关系就是一个模糊矩阵。

（2）如果对任意的 $i \leqslant m$ 及 $j \leqslant n$，都有 $r_{ij} \in [0, 1]$，则称 $R = [r_{ij}]_{m \times n}$ 为模糊矩阵。通常以 $\mu_{m \times n}$ 表示全体 m 行 n 列的模糊矩阵。

若 X 是由 m 个元素构成的有限论域，Y 是由 n 个元素构成的有限论域。对于 X 到 Y 的一个模糊关系 $R(X, Y)$，可以用一个 $m \times n$ 阶模糊矩阵表示为：

$$R(X, Y) = \begin{bmatrix} r_{11} & r_{12} & \cdots & r_{1n} \\ r_{21} & r_{22} & \cdots & r_{2n} \\ \vdots & \vdots & & \vdots \\ r_{m1} & r_{m2} & \cdots & r_{mn} \end{bmatrix} \text{或} R(X, Y) = (r_{ij})_{mn} \tag{4-20}$$

式中，$r_{ij} = \mu_R(x_i, y_j)$，表示 X 中第 i 个元素和 Y 中第 j 个元素从属于关系 R 的程度，也反映了 x_i 与 y_j 为的关系程度。

若 X 和 Y 是连续论域，对于 X 到 Y 的二元模糊关系 $R(X, Y)$ 可以用隶属函数表示。

例如，设 X 和 Y 为实数集，模糊关系 R“x 约等于 y”可以用隶属函数表示：

$$\mu_R(x, y) = e^{-(x-y)^2} \tag{4-21}$$

这里，隶属函数并不唯一只是其中一种形式。

2. 模糊关系的运算

模糊关系与模糊集合类似，也有并、交、补、相等、包含等基本运算。设 R、S 是 $X \times Y$ 上的模糊关系，$\forall (x, y) \in X \times Y$。$R \cup S$、$R \cap S$、$R = S$、$R^c$ 运算定义为：

（1）并：$\mu_{R \cup S} = \vee [\mu_R(x, y), \mu_S(x, y)]$。

（2）交：$\mu_{R \cap s} = \wedge [\mu_R(x, y), \mu_S(x, y)]$。

（3）相等：$\mu_R(x, y) = \mu_S(x, y)$。

（4）补：$\mu_{RC} \Leftrightarrow \mu_{RC}(x, y) = 1 - \mu_R(x, y)$。

另外，若有 $\mu_R(x, y) \geqslant \mu_S(x, y)$，则称模糊关系 R 包含 S，记作 $R \supseteq S$；模糊关系 R 的转置为 R^T，其隶属函数为以 $\mu_{RT}(x, y) = \mu_R(y, x)$。

由模糊关系的定义和矩阵表示方式可知，模糊关系可以看作一种特殊的模糊集合。同模糊集合一样，它的运算满足交换律、结合律、分配律、幂等律、吸收律、复原律、对偶律等，但不满足互不律。这些关系也可通过模糊关系运算的定义直接验证。

3. 模糊关系的 λ 截关系

将模糊集合的截集概念推广到模糊关系中，便有如下的定义：

（1）设 R 为 $X \times Y$ 上的模糊关系，对于任意的 $\lambda \in [0, 1]$，称：

$$R_\lambda = \{(x, y) \mid (x, y) \in X \times Y, \mu_R(x, y) \geqslant \lambda\} \tag{4-22}$$

为 R 的 λ 截关系。其特征函数为：

$$F_{R_\lambda}(x, y) = \begin{cases} 1((x, y) \in R_\lambda) \\ 0((x, y) \notin R_\lambda) \end{cases} \tag{4-23}$$

称

$$R_\lambda = \{(x, y) \mid (x, y) \in X \times Y, \mu_R(x, y) > \lambda\} \tag{4-24}$$

为 R 的 λ 强截关系。

可见，模糊关系 R 的 λ 截关系和强截关系，均是普通关系。

（2）设 $R = (r_{ij})_{nm}$ 为 $n \times m$ 阶模糊矩阵，对于任意的 $\lambda \in [0, 1]$，称 $R_\lambda = (r_{ij}^{(\lambda)})_{nm}$ 为 R 的 λ 截矩阵，其中：

$$r_{ij}^{(\lambda)} = \begin{cases} 1(r_{ij} \geqslant \lambda) \\ 0(r_{ij} < \lambda) \end{cases} \tag{4-25}$$

称 $R_\lambda = (r_{ij}^{(\lambda)})_{nm}$ 为 R 的 λ 强截矩阵，其中：

$$r_{ij}^{(\lambda)} = \begin{cases} 1(r_{ij} > \lambda) \\ 0(r_{ij} \leqslant \lambda) \end{cases} \tag{4-26}$$

可见，模糊矩阵 R 的 λ 截矩阵和强截矩阵，均是普通矩阵。模糊关系的截关系与模糊矩阵的截矩阵常被用于模糊聚类分析问题中。

（二）模糊变换

设有论域 $X = \{x_1, x_2, \cdots, x_m\}$ 和 $Y = \{y_1, y_2, \cdots, y_n\}$，$A$ 和 B 分别是论域 X 和 Y 上的模糊集，R 为 $X \times Y$ 上的模糊关系：

$$R(X, Y) = \begin{bmatrix} r_{11} & r_{12} & \cdots & r_{1n} \\ r_{21} & r_{22} & \cdots & r_{2n} \\ \vdots & \vdots & & \vdots \\ r_{m1} & r_{m2} & \cdots & r_{mn} \end{bmatrix} \tag{4-27}$$

$A = \{\mu_A(x_1), \mu_A(x_2), \cdots, \mu_A(x_m)\}$，$B = \{\mu_B(y_1), \mu_B(y_2), \cdots, \mu_B(y_n)\}$ 且满足关系：

$$B = A \circ R \tag{4-28}$$

则称 B 为 A 的像，A 为 B 的原像，R 为 X 到 Y 上的一个模糊变换。

三、模糊逻辑

有些命题具有模糊性，没有绝对的“真”或“假”，只反映其隶属于“真”或“假”的程度，是非真非假的命题，如“今天可能下雨”。这类命题既不能用二值逻辑表示，也不能用多值逻辑来表示，而是其逻辑值在闭区间［0，1］上具有连续的取值，通常将这类带有模糊性的命题称为模糊命题。模糊命题一般又称为模糊变量，通常用 a，b，c，x，y 等小写字母表示。

研究模糊命题的逻辑是模糊逻辑，模糊逻辑是研究模糊推理最基本的数学手段。它是二值逻辑的扩展，但不是二值逻辑的简单推广，因而不是传统意义的多值逻辑，是一种连续逻辑。它在承认事物隶属真值中间过渡性的同时，还认为事物在形态和类属方面具有亦此亦彼性、模棱两可性——模糊性，它允许一个命题存在着部分肯定和部分否定，只不过对肯定方向和否定方向的隶属程度不同而已。模糊逻辑借助隶属函数概念，区分模糊集合，处理模糊关系，实施规则型推理，为计算机模仿人的思维方式来处理不精确的语言输入信息，实行模糊综合判断，解决常规方法难于对付的规则型模糊信息问题提供了可能。

（一）模糊逻辑运算

将 n 维模糊变量 $x = (x_1, x_2, \cdots, x_n) \in [0, 1]^n$ 施行某种逻辑运算变换到［0，1］上的映射，称为模糊逻辑函数，记作 $f(x)$。

以二元逻辑变量为例，设 $a, b \in [0, 1]$ 为模糊变量，其二元模糊逻辑函数，记为 $f(a, b)$，其基本的模糊逻辑运算如下：

（1）逻辑并：$a \vee b = \max\{a, b\}$。

（2）逻辑交：$a \wedge b = \min\{a, b\}$。

（3）逻辑补（非）：$a^c = 1 - a$。

模糊逻辑运算满足：交换律、结合律、分配律、幂等律、吸收律、复原律、迪摩根律等基本性质。但是，互补律一般不成立，因为，当 $a \neq 1$ 或 0 时，有：

$$a \vee a^c = \max\{a, 1 - a\} \neq 1, \ a \wedge a^c = \min\{a, 1 - a\} \neq 0 \tag{4-29}$$

利用上述性质可以对模糊逻辑函数化简，化简后的模糊逻辑函数等价于原模糊逻辑函数。同一般逻辑公式化简一样，模糊逻辑化简可以降低其工程设计与实现的难度。

（二）模糊逻辑算子

“算子”就是［0，1］中的一个数，记为 λ 。λ 算子作用于一个模糊命题谓词 P 时，即可影响 P 的真值。模糊命题的取值既与 λ 有关，也与原来的谓词 P 有关。因此，具有这种影响的真值取值方法用符号 λP 表示，其计算规则表示为 $\lambda \circ v(P)$ 。其中，$v(P)$ 是 P 原来的真值，“$\circ$”代表在 λ 作用下的真值计算方式。

λ 的意义解释：λP 表示命题 P 在程度 λ 上是可信的。其中，λ 的含义为：

$$\lambda = \begin{cases} 1.0 & (\text{是}) \\ 0.9 & (\text{几乎是}) \\ 0.8 & (\text{非常像是}) \\ 0.7 & (\text{很像是}) \\ 0.6 & (\text{差不多是}) \\ 0.5 & (\text{不确定}) \\ 0.4 & (\text{比较是}) \\ 0.3 & (\text{有些是}) \\ 0.2 & (\text{稍微是}) \\ 0.1 & (\text{稍稍是}) \\ 0.0 & (\text{不是}) \end{cases} \tag{4-30}$$

例如，P 表示乌鸦都是黑的，$0.9P$ 表示乌鸦几乎都是黑的，$0.1P$ 表示几乎没有乌鸦是黑的。

第二节　模糊推理与模糊系统

模糊推理作为近似推理的一个分支，它以数值计算而不是以符号推演为特征。模糊推理并不像经典逻辑那样注重基于公理的形式推演出结论，而是由推理的前提计算出结论。具体地，就是将推理前提按模糊语言规则约定为一些算子，再借助一些算法计算出一个近似的模糊判断结论，得到模糊推理的结果。

一、模糊语言

在计算机运算速度远高于人脑的今天，人脑为什么在综合处理直觉、含糊和暧昧信息时还会完胜计算机？其中的关键所在就是人脑具有利用模糊概念进行模糊推理的能力。如果要让计算机也具备这一能力，就必须将模糊语言转化为人工语言，将人的模糊思维属性转化为计算机程序。

（一）模糊语言

模糊语言就是具有不确定性的语言，其最主要的形式之一就是人类的自然语言。自然语言是指人类交流信息时所使用的语言，它可以表述主观世界的各种情感、观念和思想，以及客观世界的各种事物、现象等。自然语言的主要特征是具有不确定性（模糊性），这是由自然语言中含有大量模糊词所决定的，如早、晚、大、小、年轻、漂亮、喜欢等。人们可以根据环境和语境，迅速、轻松地通过模糊的信息得到精确的结论。例如，可以通过“那个地方‘很遥远’”“那件衣服‘太贵’”等信息决定接下来的行动，尽管不知道“很遥远”是多少里程，“太贵”是多少钱。但计算机却不知道如何处理、计算这种模糊信息。

为了使计算机能识别模糊语言，人们引入了“语言变量”这一概念。一个完整的语言变量是由语言变量的名称 X、语言值（词集）$T(X)$、论域 U、语法规则 G 和语义规则 M 确定的五元体：

$$(X,\ T(X),\ U,\ G,\ M) \tag{4-31}$$

式中，$T(X)$ 为 X 的语言值的名称集，其中，每个元素是一个与量化有关的模糊词（模糊变量），如体感温度中的冷、舒适、热；U 为语言变量的取值范围，如年龄的范围为 $[0,\ 150]$；G 为得到语言值的句法规则，用以产生 $T(X)$ 的名称，如年龄中的幼年、青年、中年、老年的划分及其排顺规则；M 为求语言值的隶属函数值的规则。

（二）模糊语言算子

模糊语言算子是语言系统中的一类前缀词，如很、比较、最等，它们通常加在一个词组或单词的前面，用来调整一个词的词义。常用的语言算子有语气算子、模糊算子、判定化算子三种。

语气算子 H_λ：$(H_\lambda A)(x)=[\mu_A(x)]^\lambda=\mu_A^\lambda(x)$，表达语言中的肯定程度。

（1）$\lambda>1$，H_λ 为集中化算子：加强语气，如很、极等；

（2）$\lambda<1$，H_λ 为散漫化算子：减弱语气，如稍微、略等。

一般地，λ=4、3、2、1.25、0.75、0.5、0.25，分别对应：极、非常、很、相当、比较、略、微。

模糊化算子：加在一个词之前，可以把“绝对肯定”化为模糊，即一定程度上的肯定，如“大概”“近似于”。

判定化算子：加在一个词之前，可以把模糊性肯定化，如“倾向于”“偏向于”“多半是”，与模糊化算子有相反作用。

二、模糊规则

一条模糊“if-then”规则就是一条模糊条件语句。条件句的前件为输入或状态，后件为输出或逻辑变量，它可以表述为 if<模糊命题>then<模糊命题>。

常用的模糊规则有如下三种类型：

（1）if 条件 then 语句，简记作：if A then B；

（2）if 条件 then 语句 1 else 语句 2，简记作：if A then B else C；

（3）if 条件 land 条件 2 then 语句，简记作：if A and B then C。

在上述三种基本的模糊规则类型的基础上，还可以扩展出其他更复杂的模糊规则。模糊规则是模糊规则库的构成基础，而规则库是模糊推理的核心。

三、模糊推理

模糊推理又称模糊逻辑推理，是指在确定的模糊规则下，由已知的模糊命题推导计算出新的模糊命题作为结论的过程。一般来说，推理都包含两个部分的判断：一部分是已知的判断，作为推理的出发点，称作前提（或前件）；另一部分是由前提所推出的新判断，称作结论（或后件）。

推理的形式主要有直接推理和间接推理。只有一个前提的推理称为直接推理，由两个或两个以上前提的推理称为间接推理。间接推理又可分为演绎推理、归纳推理和类比推理等，其中，演绎推理是现实生活中最常用的推理方法，它的前提与结论之间存在着确定的蕴涵关系。

根据模糊推理的定义可知，模糊推理的结论主要取决于模糊规则中所蕴涵的模糊关系，即模糊蕴涵关系 $R(X, Y)$，以及模糊关系与模糊集合之间的合成运算法则。对于确定的模糊推理系统，模糊蕴涵关系 $R(X, Y)$ 一般是确定的，而合成运算法则并不唯一。根据合成运算法则的不同，模糊推理方法又可分以下三种：

（一）Mamdani 模糊推理法

Mamdani 模糊推理法是最常用的一种推理方法，其模糊蕴涵关系 $R_M(X, Y)$ 定义为论域 X 和 Y 上的模糊集合 A 和 B 的笛卡儿积（取小），即：

$$\mu_{R_M}(x, y) = \mu_A(x) \wedge \mu_B(y) \tag{4-32}$$

Mamdani 将经典的极大-极小合成运算方法作为模糊关系与模糊集合的合成运算法则。在此定义下，Mamdani 模糊推理过程易于进行图形解释。下面通过三种具体情况来分析 Mamdani 模糊推理过程。

1. 具有单个前件的单一规则

设 A 和 A^* 是论域 X 上的模糊集合，B 是论域 Y 上的模糊集合，A 和 B 间的模糊关系是 $R_M(X, Y)$。

当 $\mu_{R_M}(x, y)=\mu_A(x) \wedge \mu_B(y)$ 时，有：

$$\begin{aligned}\mu_{B^*}(y) &= \bigvee_{x\in X}\{\mu_{A^*}(x) \wedge [\mu_A(x) \wedge \mu_B(y)]\} \\ &= \bigvee_{x\in X}\{[\mu_{A^*}(x) \wedge \mu_A(x)] \wedge \mu_B(y)\} \\ &= \omega \wedge \mu_B(y)\end{aligned} \tag{4-33}$$

式中，$\omega=\bigvee_{x\in X}[\mu_{A^*}(x) \wedge \mu_A(x)]$，称为 A 和 A^* 的适配度。

根据 Mamdani 模糊推理法可知，欲求 B^*，应先求出适配度 $\omega(\mu_{A^*}(x) \wedge \mu_A(x)$ 的最大值)；然后用适配度 ω 去切割 B 的隶属函数，即可获得推论结果 B^*。所以这种方法经常又形象地称为削顶法。

2. 具有多个前件的单一规则

设 A，A^*，B、B^* 和 C，C^* 分别是论域 X、Y 和 Z 上的模糊集合，已知 A、B 和 C 间的模糊蕴涵关系为 $R_M(X, Y, Z)$。根据此模糊关系和论域 X、Y 上的模糊集合 A^*、B^*，推出论域 Z 上新的模糊集合。

根据 Mamdani 模糊关系的定义，有：

$$\mu_{R_M}(x, y, z)=\mu_A(x) \wedge \mu_B(y) \wedge \mu_C(y) \text{ 笛卡儿积取小} \tag{4-34}$$

此时

$$\begin{aligned}\mu_{C^*}(z) &= \bigvee_{\substack{x\in X\\ y\in Y}}[\mu_{A^*}(x) \wedge \mu_{B^*}(y)] \wedge [\mu_A(x) \wedge \mu_B(y) \wedge \mu_C(z)] \\ &= \bigvee_{\substack{x\in X\\ y\in Y}}\{[\mu_{A^*}(x) \wedge \mu_{B^*}(y)] \wedge [\mu_A(x) \wedge \mu_B(y)]\} \wedge \mu_C(z) \\ &= \{\bigvee_{x\in X}[\mu_{A^*}(x) \wedge \mu_A(y)] \wedge \bigvee_{y\in X}[\mu_{B^*}(x) \wedge \mu_B(y)]\} \wedge \mu_C(z) \\ &= (\omega_A \wedge \omega_B) \wedge \mu_C(z)\end{aligned} \tag{4-35}$$

式中，$\omega_A=\bigvee_{x\in X}[\mu_{A^*}(x) \wedge \mu_A(x)]$，是 $A^* \cap A$ 的隶属函数的最大值，表示 A^* 对 A 的适配度；$\omega_B=\bigvee_{y\in Y}[\mu_{B^*}(x) \wedge \mu_B(y)]$，是 $B^* \cap B$ 的隶属函数的最大值，表示 B^* 对 B 的

匹配度。

由于模糊规则的前件部分由连词“与”连接而成，因此，称 $\omega_A \wedge \omega_B$，为模糊规则的激励强度或满足度，它表示规则的前件部分被满足的程度。

特别地，对于两前件单规则（若 x 是 A 和 y 是 B，那么 z 是 C）的模糊推理，当给定事实为精确量时（x 是 x_0，y 是 y_0），Mamdani 模糊推理过程类似可得。

3. 具有多个前件多条规则的模糊推理

设 A_1、A_2、A^*，B_1、B_2、B^* 和 C_1，C_2、C^* 分别是论域 X、Y 和 Z 上的模糊集合，$R_M(X, Y, Z)$ 是 A_1、B_1 和 C_1 间的模糊蕴涵关系，$R_{M2}(X, Y, Z)$ 是 A_2、B_2 和 C_2 间的模糊蕴涵关系。已知论域 X、Y 上的模糊集合 A^*、B^*，推出论域 Z 上的模糊集合 C^*。

对于多个前件多条规则的模糊推理问题，通常将多条规则处理为相应于每条模糊规则的模糊关系的并集。上述的模糊推理问题可以表示为：

$$\begin{aligned}
\mu_{C^*}(z) &= \bigvee_{\substack{x\in X\\ y\in Y}} [\mu_{A^*}(x) \wedge \mu_{B^*}(y)] \wedge [\mu_{R_M}(x, y, z) \vee \mu_{R_M}(x, y, z)] \\
&= \{\bigvee_{\substack{x\in X\\ y\in Y}} [\mu_A\cdot(x) \wedge \mu_B\cdot(y)] \wedge \mu_{R_{M1}}(x, y, z)\} \vee \\
&\quad \{\bigvee_{\substack{x\in X\\ y\in Y}} [\mu_A\cdot(x) \wedge \mu_B\cdot(y)] \wedge \mu_{R_M}(x, y, z)\} \\
&= \mu_{C_1^*}(z) \vee \mu_{C_2^*}(z)
\end{aligned} \tag{4-36}$$

多个前件多条规则的模糊推理过程可以分为四步。

（1）计算适配度。把事实与模糊规则的前件进行比较，求出事实对每个前件隶属函数的适配度。

（2）求激励强度。用模糊与/或算子，把规则中各前件隶属函数的适配度合并，求得激励强度。

（3）求有效的后件隶属函数。用激励强度去切割相应规则的后件隶属函数，获得有效的后件隶属函数。

（4）计算总输出隶属函数。将所有的有效后件隶属函数进行综合，求得总输出隶属函数。

（二）Zadeh 模糊推理法

与 Mamdani 模糊推理法相比，Zadeh 模糊推理法也是采用取小合成运算法则，但是其模糊关系的定义不同。下面具体给出 Zadeh 的模糊关系定义。

设 A 是 X 上的模糊集合，B 是 Y 上的模糊集合，二者间的模糊蕴涵关系用 $R_Z(X, Y)$

表示。Zadeh 把 $R_Z(X, Y)$ 定义为：

$$\mu_{R_Z}(x, y) = [\mu_A(x) \wedge \mu_B(y)] \vee [1 - \mu_A(x)] \tag{4-37}$$

如果已知模糊集合 A 和 B 的模糊关系为 $R_Z(X, Y)$，又知论域 X 上的另一个模糊集合 A^*，那么 Zadeh 模糊推理法得到的结果 B^* 为：

$$B^* = A^* \circ R_Z(X, Y) \tag{4-38}$$

其中，“∘”表示合成运算，即是模糊关系的 Sup-∧ 运算。

$$\mu_{B^*}(y) = Sup_{x \in X}\{\mu_{A^*}(x) \wedge [\mu_A(x) \wedge \mu_B(y) \vee (1 - \mu_A(x))]\} \tag{4-39}$$

式中，“Sup”表示对后面算式结果取上界，若 Y 为有限论域时，Sup 就是取大运算 ∨。

Zadeh 模糊推理法提出比较早，其模糊关系的定义比较烦琐，导致合成运算比较复杂，而且实际意义的表达也不直观，因此，目前很少采用。

（三）Takagi-Sugeno 模糊推理法

Takagi-Sugeno 模糊推理法，简称 T-S 模糊推理法。这种推理方法便于建立动态系统的模糊模型，因此在模糊控制中得到广泛应用。T-S 模糊推理过程中典型的模糊规则形式为：

$$\text{如果 } x \text{ 是 } A \text{ and } y \text{ 是 } B\text{，则 } z = f(x, y) \tag{4-40}$$

式中，A 和 B 为前件中的模糊集合；$z = f(x, y)$ 为后件中的精确函数。

$f(x, y)$ 可以是任意函数，但通常是输入变量 x 和 y 的多项式。当 $f(x, y)$ 是一阶多项式，即 $f(x, y) = px + qy + r$ 时，模糊推理系统被称为一阶 T-S 模糊模型；当 $f(x, y)$ 是常数，即 $f(x, y) = k$ 时，所得到的模糊推理系统被称为零阶 T-S 模糊模型。零阶 T-S 模糊模型可以看作 Mamdani 模糊推理系统的特例，其中，每条规则的后件由一个模糊单点表示（或是一个预先去模糊化的后件）。

输出函数 $z = f(x, y)$ 中的参数 p、q、r 和 k 都是常数，其取值是根据系统的大量输入-输出实测数据，经过辨识确定的，它们是系统的固有特性的反映。

对于多前提的模糊推理问题，每个前提都会有一个适配度，T-S 模糊推理过程中激励强度的求取可以采用取小运算，也可以采用乘积运算。如对于“若 x is A and y is B，then z =/（x，y）”的模糊规则，其激励强度为：

$$\omega = \omega_A \wedge \omega_B \tag{4-41}$$

或

$$\omega = \omega_A \omega_B \tag{4-42}$$

对于多规则的模糊推理问题，每一个规则都可以产生一个推理结果。最终的结论往往通过对每一个推理结果进行加权平均得到。对于两规则一阶 T-S 模糊模型的模糊推理，如下：

$$\text{if } x \text{ is } A_1 \text{ and } y \text{ is } B_1, \text{ then } z_1 = f_1(x, y) = p_1x + q_1y + r$$

$$\text{if } x \text{ is } A_2 \text{ and } y \text{ is } B_2, \text{ then } z_2 = f_2(x, y) = p_2x + q_2y + r_2$$

式中，p_i，q_i，$r_i(i=1, 2)$ 为根据相应规则经系统辨识得到的固定参数。

两规则所对应的激励强度分别为：

$$\omega_1 = \omega_{A_1} \wedge \omega_{B_1} \text{ 或 } \omega_1 = \omega_{A_1}\omega_{B_1} \tag{4-43}$$

$$\omega_2 = \omega_{A_2} \wedge \omega_{B_2} \text{ 或 } \omega_2 = \omega_{A_2}\omega_{B_2} \tag{4-44}$$

若已知"x is A^* and y is B^*"，那么 T-S 模糊推理的结论 z 为：

$$z = \frac{\omega_1 z_1 + \omega_2 z_2}{\omega_1 + \omega_2} \tag{4-45}$$

实际上，为了进一步减少计算量，有时可以用加权和算子直接代替加权平均算子，即：

$$z = \omega_1 z_1 + \omega_2 z_2 \tag{4-46}$$

当然，T-S 模糊推理方法也可以推广到多前件多规则的情况。

与常规的模糊推理方法有所不同，T-S 模糊推理方法通过加权平均或加权和所获得的整体输出通常是精确的，而常规的模糊推理系统则往往是以适当的方式把模糊性从输入传播到输出。由于 T-S 模糊推理得到的结果是精确的，所以 T-S 模糊推理过程不需要进行耗时的、数学上不易分析的去模糊化运算。也正因为如此，T-S 模糊推理是目前基于样本的模糊建模中最常选用的方法。

四、模糊系统

（一）概念

模糊系统（Fuzzy System）是一种将输入、输出及其映射规则定义在模糊集和模糊推理基础上的推理系统。它是确定性系统的一种推广，是模糊控制系统、模糊模式识别系统、模糊专家系统等具体系统的统称，其核心是由 if-then 规则所组成的规则库。模糊系统具有人脑思维的模糊性特点，可模仿人的综合推断能力来处理精确数学方法难以解决的模糊信息推理问题，现已广泛应用于自动控制、模式识别、决策分析、医疗诊断、天气预报等领域。

（二）模糊系统的组成单元

1. 模糊化

将精确量（真值、数字量）转换为模糊量的过程称为模糊化，或称为模糊量化。精确的输入量只有经过模糊化处理，变为模糊量，才能便于模糊系统使用。

模糊化的第一个任务是进行论域变换。因为实际系统的过程参数的变化范围（称为基本论域）是各不相同的，为了方便模糊推理，必须统一到指定的论域中，具体可以通过变换系数（量化因子）实现由基本论域到指定论域的变换。

模糊化的第二个任务是求得输入量对应语言变量的隶属度。语言变量的隶属函数有两种表示方式，即离散方式和连续方式。离散方式是指用论域中的离散点及这些点的隶属度来描述一个语言变量。其典型方式是单值化，即将论域 U 上的一个实值点 x 映射成 U 上的一个模糊子集，它在点 x 处隶属度为 1，除 x 点外，其余各点的隶属度均取 0。连续方式是指用论域中的连续变量及其连续的隶属函数描述一个语言变量。

2. 知识库

知识库由数据库和规则库组成，模糊规则库由一系列的 if-then 条件语句组成，每一条 if-then 规则往往都是系统操作人员成功经验或领域专家知识的总结。如：

如果流量小了，则开大阀门；

如果流量适中，则维持阀门开度；

如果流量大了，则关小阀门。

规则库通常满足以下准则：

（1）完备性：输入空间中的任意一点，都至少有一条模糊规则与之对应。

（2）一致性：规则库中不存在“if 部分相同，then 部分不同”的规则。

（3）连续性：邻近模糊规则的 then 部分模糊集的交集不为空。

3. 推理机

推理机是模糊系统的核心，具有拟人的基于模糊概念推理的能力。其推理过程是根据模糊系统输入和模糊规则，利用隶属函数进行模糊关系或模糊推理的合成等逻辑运算，得出模糊系统的输出。选择不同的模糊逻辑运算，会得出不同的模糊推理机制，如前面所述的 Mamdani 模糊推理机、Zadeh 模糊推理等。

4. 解模糊

解模糊是模糊化的逆过程，它把推理机所得的模糊量转换为精确量，便于系统的执行机构所接受。该过程又称清晰化、去模糊化、反模糊化。常用的去模糊化方法有最大隶属度法、中位数法、加权平均法等。

五、模糊控制系统

模糊控制系统（Fuzzy Control System）是模糊系统的一种具体表现形式。模糊控制（Fuzzy Control）是模糊逻辑控制（Fuzzy Logic Control）的简称，又称为模糊逻辑语言变量控制。它是以模糊集合、模糊语言变量和模糊逻辑推理为基础的一种计算机数字控制技术，其本质上是一种非线性智能控制。

（一）模糊控制的基本原理

与传统控制需要知道被控对象和控制系统的数学模型，然后根据数学模型设计出控制器（律）不同，模糊控制不必知道被控对象的数学模型，而是基于人的丰富操作经验，用自然语言表述的控制策略，或通过大量实际操作数据归纳总结出的操作规则，对被控对象进行控制的一种方法，通常用“if 条件，then 结果”的形式来表现，所以又通俗地称为语言控制。模糊控制方法多用于无法以严密的数学模型来表示的控制对象。

实现模糊控制的核心为模糊控制器（Fuzzy Controller）设计。模糊控制器包含模糊化接口、知识库、模糊推理机、清晰化接口等部分，知识库又包括数据库和规则库等。模糊控制系统的输入、输出变量都是清晰量，只是其控制过程是基于模糊条件语句描述的语言控制规则，所以模糊控制器又称为模糊语言控制器。

模糊控制器的控制规律由计算机程序实现。实现一步模糊控制算法的过程是：计算机采样获取被控制量的精确值，然后将该值与给定值比较，得到误差信号 e；一般选误差信号 e 作为模糊控制器的输入量（称为一维模糊控制器），把 e 的精确量进行模糊量化变成模糊量，误差的模糊量 E 可用相应的模糊语言表示，如大、小、适中等，从而得到误差 e 的模糊语言集合的一个子集 E（E 实际上是一个模糊向量）；再由 E 和模糊控制规则 R（模糊关系）根据推理的合成规则进行模糊决策，得到模糊控制量 U 为：

$$U = E \circ R \tag{4-47}$$

式中，U 为一个模糊量。

为了对被控对象施加精确的控制，还需要将模糊量 U 进行非模糊化处理转换为精确量；得到精确数字量后，经数模转换变为精确的模拟量送给执行机构，对被控对象进行一步控制；然后，进行第二次采样，完成第二步控制……这样循环下去，通过 U 的调整控制作用，使偏差 e 尽量小，从而实现被控对象的模糊控制。这就是一维模糊控制器实现控制的具体过程。

如果模糊控制器的输入量是偏差 e 和偏差变化率 ec 时，就称为二维模糊控制器。二维模糊控制器是目前广为采用的一类模糊控制器，它以控制量的变化值 ΔU 作为输出量，它有着比一维控制器更好的控制效果，且易于计算机的实现。

（二）模糊控制器设计

模糊控制器设计内容一般包括以下六个方面：

第一，选择模糊控制器的输入变量及输出变量（被控制量）的论域，并确定模糊控制器的参数（如量化因子、比例因子）。

第二，确立模糊化的方法，将选定的模糊控制器输入量转换为系统可识别的模糊量。具体内容包括：对输入量进行满足模糊控制需求的模糊化处理；对输入量进行尺度变换；确定各输入量的模糊语言取值和相应的隶属度函数。

第三，根据专家的经验建立模糊控制器的控制规则库和知识库，实现基于知识的推理决策。

第四，确立解模糊（又称清晰化）的方法，将推理得到的控制量转化为控制输出。

第五，设计模糊控制器的结构及软硬件实现方法。

第六，合理选择模糊控制算法的采样时间。

下面重点介绍模糊控制器的结构设计与模糊控制器的规则设计。

1. 模糊控制器的结构设计

模糊控制器的结构设计是指确定模糊控制器的输入变量和输出变量。模糊控制器的输出变量通常直接确定为被控制量。而究竟选择哪些变量作为模糊控制器的输入量，还必须深入研究在手动控制过程中，人如何获取、输出信息，因为模糊控制器的控制规则归根结底还是要模拟人脑的思维决策方式。

在手动过程中，人所能获得的信息量基本上为三个：误差、误差的变化、误差变化的变化，即误差变化的速率。一般来说，人对误差最敏感，其次是误差的变化，再者是误差变化的速率。从理论上讲，模糊控制器的维数越高，控制越精细。但维数过高，模糊控制规则变得过于复杂，控制算法的实现相当困难。所以人们通常采用误差和误差变化的二维模糊控制器。

2. 模糊控制器的规则设计

控制规则的设计是设计模糊控制器的关键，一般包括三部分设计内容：选择描述输入和输出变量的词集、定义各模糊变量的模糊集、建立模糊控制器的控制规则。

（1）选择描述输入和输出变量的词集

模糊控制器的控制规则表现为一组模糊条件语句，在条件语句中描述输入和输出变量状态的一些词汇（如“正大”“负小”等）的集合，称为这些变量的词集，也可以称为变量的模糊状态向量。

选择较多的词汇描述输入、输出变量会便于制订精细的控制规则，提高控制效果，减小稳态误差。但词汇过多，也使控制规则变得复杂。选择词汇过少，使得变量描述变得粗糙，导致控制器的性能变坏。一般情况下都选择七个词汇，但也可以根据实际系统需要选择五个甚至三个语言变量。

对应于二维控制器输入（误差、误差的变化率）常采用如下七个语言变量：

{负大 NB（Negative Big）、负中 NM（Negative Medium）、A 负小 NS（Negative Small）、零 ZE（Zero）、正小 PS（Positive Small）、正中 PM（Positive Medium）、正大 PB（Positive Big）} 来表示。简记为：{NB，NM，NS，ZE，PS，PM，PB}。

（2）定义各模糊变量的模糊集

由模糊集的定义知，模糊集由其所包含的元素和元素对应的隶属度来表征，确定了模糊集的隶属函数，就确定了模糊变量的模糊集。

在众多隶属函数曲线中，高斯型隶属函数更适宜描述人进行控制活动时的模糊概念，但对高斯型隶属函数的运算相当复杂和缓慢。相较而言，三角形分布隶属函数的运算简单、迅速。因此，在不影响控制效果的前提下，众多的模糊控制器都采用计算过程简单、控制效果迅速的三角形分布隶属函数。

（3）建立模糊控制器的控制规则

制定模糊控制器的控制规则是基于手动的控制策略，而手动控制策略又是人们通过学习、试验以及长期经验积累而逐渐形成的，存储在操作者头脑中的一种技术知识集合。手动控制过程一般是通过对被控对象（过程）的一些观测，操作者再根据已有的经验和技术知识，进行综合分析并做出控制决策，调整加到被控对象的控制作用，从而使系统达到预期的目标。手动控制的作用同自动控制系统中的控制器的作用是基本相同的，所不同的是手动控制决策是基于操作系统的经验和技术知识，而控制器的控制决策是基于某种控制算法的数值运算。利用模糊集合理论和语言变量的概念，可以把利用语言归纳的手动控制策略上升为数值运算，以便用计算机替代人的手动控制，实现模糊自动控制。

（4）得出模糊控制规则表

模糊控制表一般由两种方法获得：一种是采用离线算法，以模糊数学为基础进行推理合成，根据采样得到的误差 e 、误差的变化率 ec ，计算出相应的控制量变化 U_{ij} ；另一种是以操作人员的经验为依据，由人工经验总结得到模糊控制表。然而这种模糊控制表较为粗糙，其原因是人们完全主观确定的模糊控制子集不一定符合客观情况，在线控制时有必要对模糊控制表进行现场修正。

第三节　模糊聚类分析

聚类问题是一个古老的问题，人类要认识和改造世界，就必须对周围不同的环境和事物按一定的标准（相似程度或亲疏关系）进行区分。例如，根据商品的用途、保质期、耐用性等特征对商品进行分类，根据人们的职业、收入、年龄等特征对人群进行分类，根据土壤的酸碱度、含水量等特征对土壤分类等。对事物按一定标准、规则或算法进行分类的数学方法称为聚类分析，它是多元统计“物以类聚”的一种分类方法。

经典分类方法具有非此即彼的特性，即同一事物归属且仅归属所划定类别中的一类，这种分类的类别界限是清晰明确的。随着人们对事物认识的深入，发现这种分类原则和方法越来越不适用于具有模糊特性的分类问题，例如，如何把一群人分为“胖子”“瘦子”“不胖不瘦”三类。模糊数学为这类具有模糊特性的分类问题提供了理论基础，并由此产生了模糊聚类理论。我们把应用普通数学方法进行分类的聚类方法称为普通聚类分析，而把应用模糊数学方法进行分类的方法称为模糊聚类分析。下面将重点介绍模糊聚类问题。

一、模糊聚类分析的一般步骤

严格地讲，在聚类分析之前，应该对被研究对象的可聚类性进行分析，排除不可聚类的情况，如均匀分布在一空间区域中的数据等情形。这里，假设被分析对象都是可聚类的，即存在着明显的特征差别与联系。

模糊聚类分析算法大致可分为三类：一是基于模糊相似关系的直接聚类法，二是基于模糊等价关系的传递闭包聚类法，三是基于目标函数的模糊 C-均值聚类法。它们通常遵循以下步骤：

（一）选择分类指标

根据实际问题，选择具有明确意义、有较强代表性和分辨力的特征，作为分类事物的统计指标。分类指标选择的适当与否，将对分类结果的好坏有直接的影响。

（二）数据标准化

设论域 $U=\{x_1, x_2, \cdots, x_n\}$ 为被分类对象，每个对象又有 m 个特征指标，即：

$$x_i = \{x_{i1}, x_{i2}, \cdots, x_{im}\}, \ i = 1, 2, \cdots, n \tag{4-48}$$

于是，得到原始数据矩阵为：

$$\boldsymbol{X} = \begin{pmatrix} x_{11} & x_{12} & \cdots & x_{1m} \\ x_{21} & x_{22} & \cdots & x_{2m} \\ \vdots & \vdots & & \vdots \\ x_{n1} & x_{n2} & \cdots & x_{nm} \end{pmatrix} \tag{4-49}$$

式中，x_{ij} 为第 i 个分类对象的第 j 个指标的原始数据。

在实际问题中，不同的数据一般有不同的量纲，数值差别也非常巨大，为了使不同的量纲也能进行比较，并提高运算的准确度和精确度，通常需要对数据做标准化处理。这里，根据模糊矩阵的要求，数据标准化处理就是要将数据统一变换到［0，1］区间上。变换方法通常采用极差变换方式，即：

$$x'_{ij} = \frac{x_{ij} - \min\limits_{1 \leqslant i \leqslant n}\{x_{ij}\}}{\max\limits_{1 \leqslant i \leqslant n}\{x_{ij}\} - \min\limits_{1 \leqslant i \leqslant n}\{x_{ij}\}}, \ j = 1, 2, \cdots, m \tag{4-50}$$

显然 $0 \leqslant x'_{ij} \leqslant 1 (i = 1, 2, \cdots, n; \quad j = 1, 2, \cdots, m)$，而且也消除了量纲的影响。

这里，在不至于引起混淆的情况下，为了书写方便，将标准化后的 x'_{ij} 仍然记作 $x_{ij} (i = 1, 2, \cdots, n; \quad j = 1, 2, \cdots, m)$。

（三）建立模糊相似矩阵（标定）

设论域 $U = \{x_1, x_2, \cdots, x_n\}$，标准化后的特性指标 $x_i = \{x_{i1}, x_{i2}, \cdots, x_{im}\}$，依照传统聚类方法确定相似系数，建立模糊相似矩阵：

$$R = \begin{pmatrix} r_{11} & r_{12} & \cdots & r_{1n} \\ r_{21} & r_{22} & \cdots & r_{2n} \\ \vdots & \vdots & & \vdots \\ r_{n1} & r_{n2} & \cdots & r_{nn} \end{pmatrix} \tag{4-51}$$

式中，$r_{ij} = R(x_i, x_j)$，为 x_i 与 x_j 的相似程度。

确定 $r_{ij} = R(x_i, x_j)$ 时，可根据问题的性质，采用下列相似系数法或距离法中的一种方法。

1. 相似系数法

（1）夹角余弦法

$$r_{ij}=\frac{\sum_{k=1}^{m}x_{ik}x_{jk}}{\sqrt{\sum_{k=1}^{m}x_{ik}^{2}}\sqrt{\sum_{k=1}^{m}x_{jk}^{2}}},\quad i=1,2,\cdots,n,\quad j=1,2,\cdots,n \tag{4-52}$$

（2）最大最小法

$$r_{ij}=\frac{\sum_{k=1}^{m}(x_{ik}\wedge x_{jk})}{\sum_{k=1}^{m}(x_{ik}\vee x_{jk})},\quad i=1,2,\cdots,n,\quad j=1,2,\cdots,n \tag{4-53}$$

（3）算术平均最小法

$$r_{ij}=\frac{2\sum_{k=1}^{m}(x_{ik}\wedge x_{jk})}{\sum_{k=1}^{m}(x_{ik}+x_{jk})},\quad i=1,2,\cdots,n,\quad j=1,2,\cdots,n \tag{4-54}$$

（4）几何平均最小法

$$r_{ij}=\frac{\sum_{k=1}^{m}(x_{ik}\wedge x_{jk})}{\sum_{k=1}^{m}\sqrt{x_{ik}x_{jk}}},\quad i=1,2,\cdots,n,\quad j=1,2,\cdots,n \tag{4-55}$$

（5）数量积法

$$r_{ij}=\begin{cases}1, & i=j\\ \frac{1}{M}\sum_{k=1}^{m}x_{ik}x_{jk}, & i\neq j\end{cases},\quad i=1,2,\cdots,n,\quad j=1,2,\cdots,n \tag{4-56}$$

式中，$M=\max_{i\neq j}\left(\sum_{k=1}^{m}x_{ik}x_{jk}\right)$。

（6）相关系数法

$$r_{ij}=\frac{\sum_{k=1}^{m}|x_{ik}-\overline{x_i}||x_{jk}-\overline{x_j}|}{\sqrt{\sum_{k=1}^{m}(x_{ik}-\overline{x_i})^{2}}\sqrt{\sum_{k=1}^{m}(x_{jk}-\overline{x_j})^{2}}},\ i=1,2,\cdots,n,\ j=1,2,\cdots,n \tag{4-57}$$

式中，$\overline{x_i}=\frac{1}{m}\sum_{k=1}^{m}x_{ik}$；$\overline{x_j}=\frac{1}{m}=\sum_{k=1}^{m}x_{jk}$。

（7）指数相似系数法

$$r_{ij}=\frac{1}{m}\sum_{k=1}^{m}\exp\left[-\frac{3}{4}\frac{(x_{ik}-x_{jk})^2}{s_k^2}\right],\ i=1,\ 2,\ \cdots,\ n,\quad j=1,\ 2,\ \cdots,\ n \tag{4-58}$$

式中，$s_k=\frac{1}{n}\sum_{i=1}^{n}(x_{ik}-\bar{x}_k)^2$；$\bar{x}_k=\frac{1}{n}\sum_{i=1}^{n}x_{ik}$；$k=1,\ 2,\ \cdots,\ m$。

2. 距离法

（1）直接距离法

$$r_{ij}=1-cd(x_i,\ x_j),\quad i=1,\ 2,\ \cdots,\ n,\quad j=1,\ 2,\ \cdots,\ n \tag{4-59}$$

式中，c 为适当选取的参数，使得 $0\leqslant r_{ij}\leqslant 1$；$d(x_i,\ x_j)$ 表示它们之间的距离。常用的距离如下：

海明距离：

$$d(x_i,\ x_j)=\sum_{k=1}^{m}|x_{ik}-x_{jk}|,\quad i=1,\ 2,\ \cdots,\ n,\quad j=1,\ 2,\ \cdots,\ n$$

欧几里得距离：

$$d(x_i,\ x_j)=\sqrt{\sum_{k=1}^{m}(x_{ik}-x_{jk})^2},\quad i=1,\ 2,\ \cdots,\ n,\quad j=1,\ 2,\ \cdots,\ n$$

切比雪夫距离：

$$d(x_i,\ x_j)=\bigvee_{k=1}^{m}|x_{ik}-x_{jk}|,\quad i=1,\ 2,\ \cdots,\ n,\quad j=1,\ 2,\ \cdots,\ n$$

（2）倒数距离法

$$r_{ij}=\begin{cases}1, & i=j\\ \dfrac{M}{d(x_i,\ x_j)}, & i\neq j\end{cases},\ i=1,\ 2,\ \cdots,\ n,\quad j=1,\ 2,\ \cdots,\ n \tag{4-60}$$

式中，M 为适当选取的参数，使得 $0\leqslant r_{ij}\leqslant 1$。

（3）指数距离法

$$r_{ij}=\exp[-d(x_i,\ x_j)],\quad i=1,\ 2,\ \cdots,\ n,\quad j=1,\ 2,\ \cdots,\ n \tag{4-61}$$

二、最佳分类阈值λ的确定

在模糊聚类分析中对于各个不同的 $\lambda\in[0,\ 1]$，可得到不同的分类。许多实际问题需要选择某个阈值 λ，确定样本集的一个具体分类，这就提出了如何确定阈值 λ 的问题。通常有以下两个途径：

（1）按实际需求。在动态聚类过程中，按实际需要调整 λ 值以得到适当的分类，而不需要事先准确地估计好样本应分成几类。当然，也可由经验丰富的专家结合专业知识确

定阈值 λ ，从而得出在 λ 水平上的等价分类。

（2）用 F 统计量确定 λ 最佳值。设论域 $U=\{x_1, x_2, \cdots, x_n\}$ 为样本空间（样本总数为 n ），而每个样本 x_i 有 m 个特征：$x_i=\{x_{i1}, x_{i2}, \cdots, x_{im}\}$ ，$i=1, 2, \cdots, n$ 。于是得到全体样本的第 k 个特征的均值 $\bar{x}_k$ ：

$$\bar{x}_k = \frac{1}{n}\sum_{j=1}^{n} x_{ik}, \quad k=1, 2, \cdots, m \tag{4-62}$$

则全体样本的均值向量为：$\bar{x}=(\bar{x}_1, \bar{x}_2, \cdots, \bar{x}_m)$ 。

设对应于 λ 值的分类数为 r ，第 j 类的样本记为 $x_1^{(j)}$ ，$x_2^{(j)}$ ，$\cdots$ ，$x_{n_j}^{(j)}$ ，n_j 为第 j 类的样本数，则第 j 类的均值向量为 $\bar{x}^{(j)}=(\bar{x}_1^{(j)}, \bar{x}_2^{(j)}, \cdots, \bar{x}_m^{(j)})$ ，其中 $\bar{x}_k^{(j)}$ 为第 k 个特征的平均值，即：

$$\bar{x}_k^{(j)} = \frac{1}{n_j}\sum_{i=1}^{n_j} x_{ik}^{(j)}, \quad k=1, 2, \cdots, m \tag{4-63}$$

做 F 统计量：

$$F=\frac{\sum_{j=1}^{r} n_j \bar{x}^{(j)} - \bar{x}^2/(r-1)}{\sum_{j=1}^{r}\sum_{i=1}^{n_j} x_i^{(j)} - \bar{x}^{(j)}\,{}^2/(n-r)} \tag{4-64}$$

式中，$x_i^{(j)} - x^{(j)} = \sqrt{\sum_{k=1}^{m}(x_{ik}^{(j)} - \bar{x}_k^{(j)})^2}$ ，为第 j 类中第 i 个样本 $x_i^{(j)}$ 与类均值向量 $\bar{x}^{(j)}$ 间的距离；$\bar{x}^{(j)} - \bar{x} = \sqrt{\sum_{k=1}^{m}(\bar{x}_k^{(j)} - \bar{x}_k)^2}$ ，为 $x^{(j)}$ 与 $\bar{x}$ 间的距离。

式（4-64）称为 F 统计量，它是遵从自由度为 $r-1$、$n-r$ 的 F 分布。它的分子表征类与类之间的距离、分母表征类内样本间的距离。类内间的距离越小，类与类之间的距离越大，F 值越大。因此，F 值越大，说明类与类间的差异越大，分类就越好，对应 F 取最大值的阈值即为最佳阈值。

第五章　神经计算

第一节　人工神经网络基础

一、人工神经网络生物学基础

人工神经网络在其诞生之时，就被赋予了“学习”“记忆”等人脑思维的基本特征。当今社会正步入“人工智能时代”，特别是“深度学习热”的兴起，人工神经网络技术及其应用正得到前所未有的关注。

人工神经网络是由大量的处理单元广泛地相互连接而形成的复杂网络系统，它是对人脑的简化、抽象和模拟，反映了人脑的许多基本特性。所以，这里有必要先了解人工神经网络的模仿对象——生物神经网络。

生物神经网络的基本构成单元是神经细胞，称为神经元。神经元主要由细胞体、树突、轴突和突触（又称神经键，Synapse）组成。神经元是以细胞体为主体，由许多向周围延伸的不规则树枝状纤维构成，其形状很像一棵枯树的枝干。

细胞体是神经元的主体，它由细胞核、细胞质和细胞膜组成。树突是树状的神经纤维接收网络，它一般有多个分支，并与其他神经元相连，以接收来自其他神经元的生物信号，细胞体对这些输入信号进行整合并进行阈值处理。轴突是单根长纤维，轴突末端和其他神经细胞树突的结合点称为突触，通过突触把细胞体的唯一输出信号（兴奋）向连接的其他神经元发送，树突和轴突的共同作用实现了神经元之间的信号传递。神经元的排列和突触的强度（由复杂的化学过程决定）确定神经网络的功能。生物神经元传递信息的过程为多输入、单输出模式，但其单输出值可以并行地给予多个与之相连的神经元。需要说明的是，一个神经元并不是在任意的输入作用下都会产生输出，只有当其接收到的所有输入信号作用总和达到其激活阈值，它才会产生输出信号。

脑神经生理科学研究结果表明，神经元是大脑处理信息的基本单元，人脑由 100 亿~

5000 亿个神经元组成，每个神经元约与上千甚至数万个神经元通过突触连接，形成极为错综复杂且又灵活多变的神经网络，用于实现记忆与思维。

尽管人脑神经元之间传递信息的速度远低于计算机，前者为毫秒量级，而后者的频率往往可达几百兆赫。但是，由于人脑是一个大规模并行与串行组合处理系统，因而在许多问题上可以快速做出判断、决策和处理，并且在诸如模式识别、环境感知和机电控制等许多问题上的处理速度远快于串行结构的普通计算机。

二、人工神经元基本结构与数学模型

人工神经元是构成人工神经网络的基本单元，了解人工神经元的基本结构与工作原理是掌握人工神经网络结构与工作原理的基础。

（一）人工神经元基本结构

要建立一种能模拟人脑神经网络结构和功能特征的人工神经网络，首先必须建立人工神经网络的基本构成单元种类似于生物神经元的人工神经元，该构成单元必须能够接收输入信息，并对其进行加工处理，在适当时候输出信息，即具备生物神经元中细胞体、树突、轴突、突触的功能。

20 世纪 40 年代，基于早期神经元学说，归纳总结了生物神经元的基本特性，建立了具有逻辑演算功能的神经元结构模型，即 McCulloch-Pitts 模型，简称 MP 模型，以及这些人工神经元互联形成的人工神经网络。他们通过 MP 模型提出了神经元的形式化数学描述和网络构造方法，证明了单个神经元能执行逻辑功能，从而开创了人工神经网络研究的时代。

$$y_i = f(s_i) = f\left(\sum_{j=1}^{n} w_{ji}x_j - \theta_i\right)$$

其中，x_j 为第 j 个人工神经元的状态（第 i 个人工神经元的输入），w_{ji} 为其输入 x_j 的权值，即第 j 个人工神经元与第 i 个人工神经元的突触连接强度，θ_i 为神经元的阈值，y_i 为第 i 个人工神经元的输出。

（二）人工神经元数学模型

人工神经元模型中，$f(x)$ 是作用函数（Activation Function），也称激活函数、变换函数或激励函数。MP 神经元模型中的作用函数为单位阶跃函数：

其数学表达式为：

$$f(x)=\begin{cases}1, & x \geqslant 0 \\ 0, & x<0\end{cases} \tag{5-1}$$

MP 神经元模型是人工神经元模型的基础，也是神经网络理论的基础。在一般神经元模型中，作用函数除了单位阶跃函数之外，还可以为线性函数、Sigmoid 函数、高斯函数等其他形式。

其对应的函数表达式分别如下：

线性函数：

$$y=f(x)=x \tag{5-2}$$

Sigmoid 函数：

$$f(x)=\frac{1-\mathrm{e}^{-\beta x}}{1+\mathrm{e}^{-\beta x}}, \beta>0 \tag{5-3}$$

高斯函数：

$$f(x)=\exp\left(-\frac{(x-c)^2}{2\sigma^2}\right) \tag{5-4}$$

不同的作用函数，可构成不同的神经元模型。

三、人工神经网络基本结构、学习方式与基本特性

人工神经网络模型主要考虑网络连接的拓扑结构、神经元的特征、学习规则等。由于单个神经元的功能极其有限，只有将大量神经元通过互联构造成神经网络，使之形成群体并行分布式处理的计算结构，才能发挥强大的运算能力，并初步具有相当人脑的形象思维、抽象思维和灵感思维的能力。神经网络的连接结构决定着神经网络的特性和能力。

（一）人工神经网络基本结构

神经网络强大的计算功能是通过神经元的互联而达到的。根据神经元之间连接的拓扑结构，即神经元之间的连接方式，可将神经网络分成层次型神经网络和互联型神经网络。

1. *层次型神经网络*

（1）前向神经网络

神经元分层排列，顺序连接。网络中各个神经元接受前一级的输入，并输出到下一级，网络中没有反馈，可以用一个有向无环路图表示。这种网络实现信号从输入空间到输出空间的变换，它的信息处理能力来自简单非线性函数的多次复合。网络结构简单，易于实现。

感知器（Perceptron）、BP 神经网络和径向基函数（Radial Basis Function，RBF）神经网络都属于这种类型。

（2）层内有互联的前向神经网络

在前向神经网络中有的在同一层中的各神经元相互有连接。通过层内神经元的相互结合，可以实现同一层内神经元之间的横向抑制或兴奋机制，这样可以限制每层内能同时动作的神经元数，或者把每层内的神经元分为若干组，让每组作为一个整体来动作。

（3）反馈神经网络

在层次网络结构中，只在输出层到输入层存在反馈，即每一个输入节点都有可能接受来自外部的输入和来自输出神经元的反馈。在这种网络中，输入信号决定反馈系统的初始状态，然后系统经过一系列的状态转换收敛于平衡状态，这种平衡状态就是系统的输出结果（模式）。这种模式可用来存储某种模式序列，如神经认知机即属于此类，也可以用于动态时间序列过程的神经网络建模。

Hopfield 网络、Boltzmann 机网络属于这一类。

2. 互联型神经网络

在互联网络模型中，任意两个神经元之间都可能有相互连接的关系。其中，有的神经元之间连接是双向的，有的是单向的。

此外，如果按照网络内部信息传递方向分类，还可将神经网络简单分成前向神经网络和反馈神经网络；如果按网络性能分类，还可将神经网络简单分成连续型网络和离散型网络，或确定型网络和随机型网络；如果按学习方法分类，还可将神经网络分成有导师学习网络和无导师学习网络等。

（二）人工神经网络基本学习方式

具有自学习和自适应能力，是人工神经网络神经网络的最重要特征。它的自适应性是通过学习实现的，即根据环境的变化，对权值进行调整，改善系统的行为。根据学习方式不同，神经网络的学习可分为有导师学习和无导师学习两种方式。

在有导师学习过程中，通过神经网络对样本数据批输入-输出数据组的响应，掌握两者之间的潜在规律。即将训练样本的输入数据加载到输入端，同时将网络输出与相应的期望输出（样本的输出数据，起着导师的作用）比较，得出输出误差，然后调整连接权值，使输出误差向缩小方向发展。经多次训练后，误差收敛到允许范围内，得到一组最佳的连接权值。当样本情况发生变化时，经学习可以修改连接权值，以适应新的样本。有导师学习数据网络的工作过程与学习过程完全分离。在学习过程结束后，神经网络抛开样本数据、检验数据以及误差信息，神经网络利用既有的结构参数，根据新的输入数据来映射相应输出的输出数据。使用有导师学习的神经网络模型有 BP 网络、感知器等。

在无导师学习过程中，事先不给定标准样本，学习阶段与工作阶段成为一体，也可以说网络直接处于工作状态。此时，神经网络依靠自己的自适应能力，持续适应输入模式，直至发现输入数据的统计特征，并通过连接权值“记忆”该特征。一旦输入特征再次出现，神经网络即能识别出该特征。同有导师学习过程一样，无导师学习过程也是连接权值的演变方程。无导师学习最简单的例子是 Hebb 学习规则，另一个典型例子则是竞争学习规则，它是根据已建立的聚类进行权值调整。自组织映射、适应谐振理论网络等都是与竞争学习有关的典型模型。

目前，较有代表性的神经网络学习方法有 Hebb 学习、误差修正型学习、随机学习以及基于记忆的学习等。

1. Hebb 学习方法

Hebb 规则认为：学习过程最终发生在神经元之间的突触部位，突触的联系强度随着突触前后神经元的活动而变化。具体描述如下：

第一，如果一个突触两边的神经元被同步激活，则该突触的能量就被选择性地增加。

第二，如果一个突触两边的神经元被异步激活，则该突触的能量就被选择性地减弱或消除。

Hebb 学习规则的数学描述为：

$$\Delta w_{ji} = \eta(x_j(n) - \bar{x}_j)(x_i(n) - \bar{x}_i) \tag{5-5}$$

式中，Δw_{ji} 为第 j 个人工神经元与第 i 个人工神经元的突触连接强度（权值）修正量；η 为一正常数，称为学习因子，它决定了神经网络在学习过程中从一个步骤到另一个步骤的学习速率；$x_i(n)$，$x_j(n)$ 分别表示第 i，j 个神经元在 n 时刻的状态；$\bar{x}_i$，$\bar{x}_j$ 分别表示第 i、j 个神经元在一段时间内的平均值。

Hebb 学习规则的含义为：

（1）如果神经元 x_i 和 x_j 活动充分时，即同时满足条件 $x_i > \bar{x}_i$ 和 $x_j > \bar{x}_j$ 时，突触权值 w_{ji} 增加。

（2）如果神经元 x_i 活动充分（$x_i > \bar{x}_i$），而 x_j 活动不充分时（$x_j < \bar{x}_j$），或者如果神经元 x_j 活动充分（$x_j > \bar{x}_j$），而 x_i 活动不充分时（$x_i < \bar{x}_i$）时，突触权值 w_{ji} 减小。

在此基础上，人们提出了各种学习规则和算法，以适应不同网络模型的需要。有效的学习算法，使得神经网络能够通过连接权值的调整，构造客观世界的内在表示，形成具有特色的信息处理方法。信息存储和处理体现在网络的连接中。

2. 误差修正学习方法

误差修正学习方法是一种有导师学习过程，其基本思想是利用神经网络的期望输出与实际输出间的偏差作为调整连接权值的参考依据，并最终减少这种偏差。

设某神经网络的输出层只有一个神经元 j ，给该神经网络施加输入，这样就产生了输出误差：

$$E(n)=\frac{1}{2}e^{2}(n)=\frac{1}{2}(d_j(n)-y_j(n))^{2} \tag{5-6}$$

式中，$d_j(n)$ 为加上输入之后，神经网络的期望输出（或目标输出）；$y_j(n)$ 为加上输入之后，神经网络的实际输出；$e(n)$ 为神经网络期望输出与实际输出之间存在的误差。

误差修正学习过程就是反复调整突触权值，使代价函数 $E(n)$ 达到最小或使系统达到一个稳定状态，即突触权值稳定下来。

设某神经网络的激励函数为 $f(x)$ ，有 N 个训练样本，假设误差准则函数为：

$$E(n)=\frac{1}{2}\sum_{j=1}^{N}(d_j(n)-y_j(n))^{2} \tag{5-7}$$

式中，$d_j(n)$ 为加上输入之后，神经网络的期望输出（或目标输出）；$y_j(n)$ 为加上输入之后，神经网络的实际输出。

设 w_{ji} 为神经元 x_j 到神经元 x_i 的连接值，在第 n 步学习时对权值的调整为

$$\Delta w_{ji}(n)=\eta e(n)x_i(n) \tag{5-8}$$

式中：η 为学习速率因子；$e(n)$ 为神经网络期望输出与实际输出之间存在的误差，$e(n)=d_j(n)-y_j(n)$ 或 $e(n)=(d_j(n)-y_j(n))f'(x)$ 。

当 $e(n)=d_j(n)-y_j(n)$ 时，称为最小均方学习算法，该算法与激励函数无关。

当 $e(n)=(d_j(n)-y_j(n))f'(x)$ 时，称为 Delta 学习算法，该算法需要激励函数存在导数。

则第 $n+1$ 步学习的连接权值校正为：

$$w_{ji}(n+1)=w_{ji}(n)+\Delta w_{ji}(n) \tag{5-9}$$

以上误差学习过程，可描述为以下四个步骤：

（1）选择一组初始权值 $w_{ji}(0)$ 。

（2）计算某一模式对应的实际输出与期望输出的误差 $e(n)$ 。

（3）更新权值：

$$w_{ji}(n+1)=w_{ji}(n)+\eta[d_j(n)-y_j(n)]x_i(n) \tag{5-10}$$

式中，η 为一正常数，称为学习速率因子；d_j ，y_j 为分别为第 j 个神经元的期望输出与实际输出；x_i 为第 i 个神经元的输入。

(4) 返回步骤 (2)，直到对所有的训练模式网络输出均能满足要求。

3. 随机学习方法

随机学习方法的基本思想是结合随机过程、概率和能量函数等概念来调整网络的变量，从而使网络的目标函数达到最大或最小。它又被称为玻尔兹曼学习规则。在该学习规则基础上设计出来的神经网络称为玻尔兹曼机。玻尔兹曼机应遵循以下准则：

(1) 如果网络的变量变化后，能量函数有更低的值，那么接受这种变化。

(2) 如果网络的变量变化后，能量函数没有更低的值，那么按一个预先选取的概率分布接受这种变化。

可见，采用随机学习方法，网络不仅接受能量函数减少的变化，使某种性能指标改善，而且还以某种概率分布接受能量函数增大的变化，这样使得网络可能跳出能量函数的局部极小值点，从而向着全局极小值点的方向发展。这也就是模拟退火算法（Simulated Annealing），种典型的随机型学习算法。

4. 基于记忆的学习方法

基于记忆的学习主要用于模式分类，在基于记忆的学习中，过去的学习结果被储存在一个大的存储器中，当输入一个新的测试向量 x_{test} 时，学习过程就是将 x_{test} 归结为已储存的某个类中。

一种最简单而有效的基于记忆的学习算法就是最近邻规则。设存储器中所记忆的某一个类 l 含有向量 $x_l \in \{x_1, x_2, \cdots, x_n\}$，如果下式成立：

$$\min_i d(x_i, x_{test}) = d(x_l, x_{test}) \tag{5-11}$$

则 x_{test} 属于类 l，其中，$d(x_i, x_{test})$ 是向量 x_i 与 x_{test} 欧几里得距离，x_i 遍历所有向量。

(三) 人工神经网络基本特性

人工神经网络是由上述大量处理单元（人工神经元）互联组成的非线性、自适应信息处理系统，通过调整内部大量节点之间相互连接的关系，从而达到处理信息的目的。即通过预先提供的一批相互对应的输入-输出数据，分析掌握两者之间潜在的规律，并根据这些规律，用新的输入数据推算（预测）输出结果。它是在现代神经科学研究成果的基础上提出的，试图通过模拟大脑神经网络处理、记忆信息的方式进行信息处理。它具有以下基本特征：

1. 非线性

非线性关系是自然界的普遍特性，大脑的智慧就是一种非线性现象。人工神经元处于激活或抑制两种不同的状态，这种行为在数学上表现为一种非线性关系。具有阈值的神经元构成的网络具有更好的性能，可以提高容错性和存储容量。

2. 并行性

神经网络的各处理单元在接受输入信息、处理信息、输出信息时是各自独立进行的，具有明显的并行性，可以提高信息的处理速度。

3. 自适应性

人工神经网络具有自学习、自适应、自组织能力。神经网络不但可以处理各种变化的信息，而且在处理不同信息的同时，可以通过调整处理单元的连接权值，改变自身的性能，来提高适应变化信息的能力。

4. 非局限性

一个神经网络通常由多个神经元广泛连接而成。一个系统的整体行为不仅取决于单个神经元的特征，而且可能主要由单元之间的相互作用、相互连接所决定。通过单元之间的大量连接模拟大脑的非局限性，联想记忆是非局限性的典型例子。

5. 联想能力

神经网络的记忆或存储能力就体现在经过学习、训练后的各连接权值上，这时的神经网络具有强大的联想能力，即可以对合适的新输入信息，对应地给出合理的输出结果。

人工神经网络中，处理单元的类型分为三类：输入单元、输出单元和隐含层单元。输入单元接受外部世界的信号与数据；输出单元实现系统处理结果的输出；隐含层单元处在输入和输出单元之间，起着信息变换或特征提取的主要作用，是不能由系统外部观察的单元。神经元间的连接权值反映了单元间的连接强度，信息的表示和处理体现在网络处理单元的连接关系中。人工神经网络是一种非程序化、自适应性、大脑风格的信息处理结构，其本质是通过网络的变换和动力学行为得到一种并行分布式的信息处理功能，并在不同程度和层次上模仿人脑神经系统的信息处理功能。它是涉及神经科学、思维科学、人工智能、计算机科学等多个领域的交叉学科。

人工神经网络是并行分布式系统，采用了与传统人工智能和信息处理技术完全不同的机理，克服了传统的基于逻辑符号的人工智能在处理直觉、非结构化信息方面的缺陷，具有自适应、自组织和实时学习的特点。

四、人工神经网络设计

随着人工神经网络技术的应用越来越广泛，如何建立不同的神经网络来满足不同的应用需求，就成为一个比较现实的问题。但是，由于人工神经网络组成结构和训练算法缺乏共性，使其很难达到工程化的设计开发水平，形不成一套约定俗成、拿来即用的设计开发规则。在实际应用中还需用实验的方法，对网络结构和参数不断进行测试、修改和完善，并最终获得一个可行的实现方案。尽管如此，人们在人工神经网络的开发应用过程中积累的大量经验，还是能提供一些有益的指导作用。

（一）人工神经网络的适用范围

人工神经网络虽然能够解决如联想记忆、图形分类、信号处理、语音和图像处理、字符识别、系统辨识、复杂系统控制等隐含统计规律性的许多应用问题，但像账目收支、数据分析等在数字上有高精度要求的问题，均不适合使用人工神经网络技术来解决。

（二）网络的层数

除 Hopfield 网络是一种相互连接的神经网络，绝大多数人工神经网络模型都有确定的层数，如单层感知器为两层结构，BP 神经网络与 RBF 神经网络为三层或三层以上结构。三层及以上神经网络中，除一个输入层、一个输出层外，都包含有不同数目的隐含层。隐含层具有抽象作用，能够从输入信号中提取特征。

理论上已证明：具有至少一个 S 型隐含层和一个线性输出层的神经网络，能够以较高精度逼近任何复杂函数。增加隐含层数可以提高拟合精度、降低误差，但同时也使网络复杂性提高，从而增加了网络的训练时间。

（三）输入层节点数

输入层主要用作缓冲存储，将源数据加载到神经网络。输入层的节点数目取决于源数据的维数，每一维均对应一个输入节点。例如，解决“异或”问题的网络，就对应两个输入节点；区分六种属性物体的网络，就对应六个输入节点。

（四）隐含层节点数

网络训练精度的提高，既可以通过增加隐含层数来实现，也可以通过采用一个隐含层，而增加神经元数目的方法来获得。通过增加神经元数目来提高误差精度的训练效果，比增加层数更容易观察和调整。在结构实现上，要比增加隐含层数简单得多。所以，一般情况下，应优先考虑增加隐含层中的神经元数。那么究竟选取多少隐含层节点才合适？这在理论上并没有一个明确的结论。在具体设计时，通常根据下列经验公式：

$$p = 2n + 1 \text{ 或 } p = (n + 1)q \text{ 或 } p = 3q \text{ 或 } p = \sqrt{nq} \text{ 等。}$$

通常采用试凑法求取最佳隐含层节点数，即先设置较少的隐含层节点训练神经网络，然后逐渐增加隐含层节点数，并使用同一样本进行训练，从中确定神经网络误差最小时对应的隐含层节点数。

（五）输出层节点数

人工神经网络的输出层节点数一般均少于输入层节点数。如何确定输出层节点数，一方面要考虑实际问题的抽象结果，另一方面要考虑神经网络的输出类型。例如，要识别“优、良、中、差”四种类别，那么，既可以采用四个输出节点，此时若某个节点的输出值为1，则表示输出的是该节点代表的类别，即1000，0100，0010，0001分别代表优、良、中、差；也可以采用两个输出节点，此时11，10，01，00分别代表优、良、中、差。

（六）初始权值的选取

由于系统是非线性的，初始值对于学习是否达到局部最小、是否能够收敛及训练时间的长短关系很大。初始值不宜太大，一般取-1～1之间的随机数。

（七）学习速率

学习速率决定每一次循环训练中所产生的权值变化量。大的学习速率可能导致系统的不稳定；但小的学习速率导致较长的训练时间，可能收敛很慢，但能保证神经网络的误差最终趋于最小值。所以在一般情况下，倾向于选取较小的学习速率，以保证系统的稳定性，通常选取范围为0.01～0.8。

第二节　BP神经网络

BP神经网络是目前应用较为广泛和成功的神经网络模型之一。

一、BP神经网络基本概念

BP（Error Back Propagation Network）神经网络，该类网络的显著特点是学习过程由信号（输入模式）的正向传播与误差（期望输出与实际输出之差）的反向传播两个过程组成。BP网络能学习大量的输入-输出模式，并存储其所隐含的映射关系，而无须事前揭示描述这种映射关系的数学方程。该学习规则是使用梯度最速下降法，通过误差反向传播来不断调整网络的权值和阈值，使网络的输出误差平方和最小。

二、BP 神经网络学习算法

BP 神经网络的显著特征是误差反向传播的学习算法，具体包括两个过程，即输入信号的正向传播和误差信号的反向传播。样本中的输入信号从输入层传入，经隐含层处理后传向输出层。若输出层的实际输出与样本中的期望输出不符，则转向误差的反向传播阶段。这种计算实际输出时按从输入到输出方向进行，权值的调整按从输出到输入方向进行的过程交替进行，直至网络达到稳定状态，即误差函数达到最小值。这一权值不断调整的过程，就是网络的学习训练过程，具体分为四个阶段：

第一，输入信号（模式）由输入层经隐含层向输出层的前向传播过程，即“模式顺传播”。

第二，网络的期望输出与实际输出之差，即误差信号，是驱动由输出层经隐含层向输入层逐层修正连接权值的“误差逆传播”过程。

第三，由“模式顺传播”过程和“误差逆传播”过程反复交替进行的网络“记忆训练”过程。

第四，网络趋向收敛，即网络的全局误差趋向极小值，达到稳定状态的“学习收敛”过程。

下面围绕前面所述的 BP 神经网络学习的两个过程，来解析 BP 算法的实现流程。

（一）信号的前向传播过程

隐含层第 i 个节点的输入 net_i：

$$\mathrm{net}_i = \sum_{j=1}^{M} w_{ij}x_j + \theta_i \tag{5-12}$$

隐含层第 i 个节点的输出 y_i：

$$y_i = \varphi(net_i) = \varphi\left(\sum_{j=1}^{M} w_{ij}x_j + \theta_i\right) \tag{5-13}$$

输出层第 k 个节点的输入 out_k：

$$\mathrm{out}_k = \sum_{i=1}^{q} w_{ki}y_i + a_k = \sum_{i=1}^{q} w_{ki}\varphi\left(\sum_{j=1}^{M} w_{ij}x_j + \theta_i\right) + a_k \tag{5-14}$$

输出层第 k 个节点的输出 O_k：

$$O_k = \psi(\mathrm{out}_k) = \psi\left(\sum_{i=1}^{q} w_{ki}y_i + a_k\right) = \psi\left(\sum_{i=1}^{q} w_{ki}\varphi\left(\sum_{j=1}^{M} w_{ij}x_j + \theta_i\right) + a_k\right) \tag{5-15}$$

（二）误差的反向传播过程

误差的反向传播，即首先由输出层开始逐层计算各层神经元的输出误差，然后根据误差梯度下降法来调节各层的权值和阈值，使修改后网络的最终输出能接近期望值。

对于每一个样本 p 的二次型误差准则函数为 E_p：

$$E_p = \frac{1}{2}\sum_{k=1}^{L}(T_k - O_k)^2 \tag{5-16}$$

系统对 P 个训练样本的总误差准则函数为：

$$E = \frac{1}{2}\sum_{p=1}^{P}\sum_{k=1}^{L}(T_k^p - O_k^p)^2 \tag{5-17}$$

根据误差梯度下降法依次修正输出层权值的修正量 Δw_{ki}、输出层阈值的修正量 Δa_k、隐含层权值的修正量 Δw_{ij}、隐含层阈值的修正量 $\Delta\theta_i$。

$$\Delta w_{ki} = -\eta\frac{\partial E}{\partial w_{ki}},\ \Delta a_k = -\eta\frac{\partial E}{\partial a_k},\ \Delta w_{ij} = -\eta\frac{\partial E}{\partial w_{ij}},\ \Delta\theta_i = -\eta\frac{\partial E}{\partial\theta_i} \tag{5-18}$$

输出层权值调整公式为：

$$\Delta w_{ki} = -\eta\frac{\partial E}{\partial w_{ki}} = -\eta\frac{\partial E}{\partial\,\mathrm{out}_k}\frac{\partial\,\mathrm{out}_k}{\partial w_{ki}} = -\eta\frac{\partial E}{\partial O_k}\frac{\partial O_k}{\partial\,\mathrm{out}_k}\frac{\partial\,\mathrm{out}_k}{\partial w_{ki}} \tag{5-19}$$

输出层阈值修正公式为：

$$\Delta a_k = -\eta\frac{\partial E}{\partial a_k} = -\eta\frac{\partial E}{\partial\,\mathrm{out}_k}\frac{\partial\,\mathrm{out}_k}{\partial a_k} = -\eta\frac{\partial E}{\partial O_k}\frac{\partial O_k}{\partial\,\mathrm{out}_k}\frac{\partial\,\mathrm{out}_k}{\partial a_k} \tag{5-20}$$

隐含层权值调整公式为：

$$\Delta w_{ij} = -\eta\frac{\partial E}{\partial w_{ij}} = -\eta\frac{\partial E}{\partial\,\mathrm{net}_i}\frac{\partial\,\mathrm{net}_i}{\partial w_{ij}} = -\eta\frac{\partial E}{\partial y_i}\frac{\partial y_i}{\partial\,\mathrm{net}_i}\frac{\partial\,\mathrm{net}_i}{\partial w_{ij}} \tag{5-21}$$

隐含层阈值调整公式为：

$$\Delta\theta_i = -\eta\frac{\partial E}{\partial\theta_i} = -\eta\frac{\partial E}{\partial\,\mathrm{net}_i}\frac{\partial\,\mathrm{net}_i}{\partial\theta_i} = -\eta\frac{\partial E}{\partial y_i}\frac{\partial y_i}{\partial\,\mathrm{net}_i}\frac{\partial\,\mathrm{net}_i}{\partial\theta_i} \tag{5-22}$$

又因为：

$$\frac{\partial E}{\partial O_k} = -\sum_{p=1}^{P}\sum_{k=1}^{L}(T_k^p - O_k^p) \tag{5-23}$$

$$\frac{\partial\,\mathrm{out}_k}{\partial w_{ki}} = y_i,\ \frac{\partial\,\mathrm{out}_k}{\partial a_k} = 1,\ \frac{\partial\,\mathrm{net}_i}{\partial w_{ij}} = x_j,\ \frac{\partial\,\mathrm{net}_i}{\partial\theta_i} = 1 \tag{5-24}$$

$$\frac{\partial E}{\partial y_i} = -\sum_{p=1}^{P}\sum_{k=1}^{L}(T_k^p - O_k^p)\cdot\psi'(net_k)\cdot w_{ki} \tag{5-25}$$

$$\frac{\partial y_i}{\partial\,\mathrm{net}_i} = \varphi'(\mathrm{net}_i) \tag{5-26}$$

$$\frac{\partial O_k}{\partial\,\mathrm{out}_k} = \psi'(\mathrm{out}_k) \tag{5-27}$$

所以最后得到以下修正量：

$$\Delta w_{ki} = \eta \sum_{p=1}^{p} \sum_{k=1}^{L} (T_k^p - O_k^p) \cdot \psi'(\text{out}_k) \cdot y_i \tag{5-28}$$

$$\Delta a_k = \eta \sum_{p=1}^{P} \sum_{k=1}^{L} (T_k^p - O_k^p) \cdot \psi'(\text{out}_k) \tag{5-29}$$

$$\Delta w_{ij} = \eta \sum_{p=1}^{p} \sum_{k=1}^{L} (T_k^p - O_k^p) \cdot \psi'(\text{out}_k) \cdot w_{ki} \cdot \varphi'(\text{net}_i) \cdot x_j \tag{5-30}$$

$$\Delta \theta_i = \eta \sum_{p=1}^{P} \sum_{k=1}^{L} (T_k^p - O_k^p) \cdot \psi'(\text{out}_k) \cdot w_{ki} \cdot \varphi'(\text{net}_i) \tag{5-31}$$

（三）BP 神经网络特点

多层前向 BP 网络是目前应用最多的一种神经网络形式，这主要归功于它的学习算法和它所具备的以下重要能力。

1. 非线性映射能力

BP 神经网络实质上实现了一个从输入到输出的映射功能。无须事先了解输入输出模式之间的映射关系，只要能够为 BP 神经网络提供足够多的输入输出模式供其进行学习训练，BP 神经网络就能够学习并存储大量的输入输出映射关系，能够完成由 n 维输入空间到 m 维输出空间的非线性映射。已证明，三层的 BP 神经网络就能够以任意精度逼近任何非线性连续函数，这使得其特别适合于求解内部机制复杂的问题，并在许多领域得到了应用。

2. 自学习和自适应能力

BP 神经网络在训练时，能够通过学习自动提取输入、输出数据间的“合理规则”，并自适应地将学习内容记忆于网络的权值中，即 BP 神经网络具有高度自学习和自适应的能力。

3. 泛化能力

BP 神经网络在经过样本模式训练后的正常工作阶段，能对训练时未见过的数据输入模式完成由输入模式到输出模式的正确映射，也即 BP 神经网络具有将学习成果应用于新知识的能力。BP 神经网络的泛化能力是衡量 BP 神经网络性能优劣的一个重要指标。

4. 容错能力

BP 神经网络在其局部的或者部分的神经元受到破坏后（如输入层至隐含层的权向量、隐含层至输出层的权向量局部发生异常时），对全局的训练结果不会造成很大的影响。也就是说，即使系统在受到局部损伤时还是可以正常工作的，即 BP 神经网络具有一定的容错能力。鉴于BP神经网络的这些优点，国内外不少学者都对其进行了研究，并运用它解决了不少应用问题。但是随着应用范围的逐步扩大，BP神经网络也暴露出了越来越多的缺点和不足，例如，局部极小化问题和BP神经网络算法的收敛速度慢问题。

局部极小化问题：从数学角度来看，传统的BP神经网络为一种局部搜索的优化方法，它要解决的是一个复杂非线性化问题，网络的权值是通过沿局部改善的方向逐渐进行调整的，这样会使算法陷入局部极值，权值收敛到局部极小点，从而导致网络训练失败。加上BP神经网络对初始网络权重非常敏感（梯度下降法的固有特点），以不同的权重初始化网络，其往往会收敛于不同的局部极小，这也是很多学者每次训练得到不同结果的根本原因。

BP神经网络算法的收敛速度慢问题：由于BP神经网络算法本质上为梯度下降法，它所要优化的目标函数是非常复杂的，因此，必然会出现“锯齿形现象”，这使得BP算法低效；又由于优化的目标函数很复杂，它必然会在神经元输出接近0或1的情况下，出现一些平坦区，在这些区域内，权值误差改变很小，使训练过程几乎停顿；BP神经网络模型中，为了使网络执行BP算法，不能使用传统的一维搜索法求每次迭代的步长，而必须把步长的更新规则预先赋予网络，这种方法也会引起算法低效。以上种种，导致了BP神经网络算法收敛速度慢的现象。

三、BP神经网络算法的改进

BP算法具有结构简单易行、计算量小、并行性强等优点，是目前神经网络训练采用最多，也是最成熟的训练算法之一。但由于它采用最速下降方法，按误差函数的负梯度方向修改权值，求解误差函数的最小值，因而通常也存在学习效率低、收敛速度慢、易陷入局部极小状态等问题。为此，人们相应地提出了一些改进方法。

（一）附加动量法

标准BP算法实质上是一种简单的最速下降静态寻优算法，在修正权值 $w(k)$ 时，只是按 k 时刻的负梯度方向进行修正，而没有考虑以前积累的经验，即以前时刻的梯度方向，从而常常使学习过程发生振荡，收敛缓慢。为此，有如下的改进算法，即：

$$w(k+1)=w(k)+\eta[(1-\alpha)D(k)+\alpha D(k-1)] \tag{5-32}$$

式中，$w(k)$ 既可表示单个的连接权系数，也可表示连接权向量（其元素为连接权系数）；$D(k)=\partial E/\partial w(k)$，为 k 时刻的负梯度；$D(k-1)$ 为 $k-1$ 时刻的负梯度；η 为学习速率，$\eta>0$；α 为动量项因子，$0\leqslant\alpha<1$。

该方法所加入的动量项实质上相当于阻尼项，它减小了学习过程的振荡趋势，改善了收敛性，这是目前应用比较广泛的一种改进算法。

（二）自适应学习速率

对于一个特定的问题，要选择适当的学习速率不是一件容易的事情。通常是凭经验或实验获取，但即使这样，对训练初期功效较好的学习速率，不见得对后来的训练始终合适。为了解决这个问题，人们自然想到在训练过程中自动调节学习速率。通常调节学习速率的准则是：检查权值是否真正降低了误差函数，若是，则说明所选学习速率有效，可以适当增加一个量，以提高收敛速度；否则，说明已产生了过调，就应该减小学习速率的值。下面给出了一个自适应学习速率的调整公式：

$$\eta(k+1)=\begin{cases}1.05\eta(k), & E(k+1)<E(k)\\ 0.7\eta(k), & E(k+1)>1.04E(k)\\ \eta(k), & \text{其他}\end{cases} \tag{5-33}$$

式中，$E(k)$ 为第 k 步误差平方和；初始学习速率 $\eta(0)$ 的选取范围可以有很大的随意性。

（三）动量-自适应学习速率调整算法

当采用前述的动量法时，BP 算法可以找到全局最优解，而当采用自适应学习速率时，BP 算法可以缩短训练时间。综合利用这两种方法来训练神经网络的方法，称为动量-自适应学习速率调整算法。

（四）其他需要探索解决的问题

在应用 BP 神经网络解决实际问题时，通常还会遇到以下一系列难题需要解决：

1. BP 神经网络结构选择问题

目前，在选择 BP 神经网络的结构时，通常由经验选定，缺乏统一而完整的理论指导。网络结构选择过大、训练效率不高，可能出现过拟合现象，造成网络性能低、容错性下降；若选择过小，则又会造成网络可能不收敛，这直接影响网络的逼近能力及泛化能力。因此，应用中如何选择合适的网络结构是一个有待探索的重要问题。

2. BP 神经网络预测能力和训练能力的矛盾问题

预测能力也称泛化能力或者推广能力，而训练能力也称逼近能力或者学习能力。一般情况下，训练能力差时，预测能力也差；并且一定程度上，随着训练能力的提高，预测能力会得到提高。但这种趋势不是固定的，其有一个极限，当达到此极限时，随着训练能力的提高，预测能力反而会下降，也即出现“过拟合”现象。出现该现象的原因是网络学习了过多的样本细节，学习出的模型已不能反映样本内含的规律，所以如何把握好学习的度，解决网络预测能力和训练能力间矛盾问题也是BP神经网络中需要研究的重要内容。

此外，还有BP神经网络对样本依赖性问题，应用实例与BP网络规模的矛盾问题等，都是日后研究BP神经网络的理论与应用时需要努力解决的问题。

第三节　径向基函数神经网络

径向基函数神经网络是一种在现实中得到广泛应用的三层前向神经网络。

一、RBF神经网络的基本概念

径向基函数神经网络，就是利用一组具有局部隆起和对称功能的径向基函数（Radial Basis Function，RBF）作为隐含层单元激活函数，构成的一种具有三层结构的前向神经网络，简称RBF神经网络。

RBF神经网络的基本思想是：用RBF作为隐单元的“基”构成隐含层空间，将输入矢量直接（不通过权重调节）映射到隐空间，这种映射关系由RBF的中心点确定。而隐含层空间到输出空间的映射是线性的，即网络的输出是隐单元输出的线性加权和。此处的权即为网络可调参数。由此可见，从总体上看，网络由输入到输出的映射是非线性的，而网络输出对可调参数而言却又是线性的。这样，网络的权就可由线性方程直接解出，从而大大加快学习速度并避免局部极小问题。

RBF神经网络所处理的信息在工作过程中逐层向前流动。虽然它也可以像BP网络那样利用训练样本做有导师学习，但是其更典型、更常用的学习方法则与BP网络有所不同，它综合利用了有导师学习和无导师学习两种方法。对于某些问题，RBF神经网络可能比BP网络精度更高。

二、径向基函数神经网络模型

RBF神经网络是一种典型的三层前向网络。其第一层为输入层，由信号源节点组成；第二层为隐含层，隐含层单元的激活函数RBF是关于中心点径向对称且衰减的非负非线性函数，隐含层单元数视所描述问题的需要而定；第三层为输出层，它对输入模式的作用做出响应。从输入空间到隐含层空间的变换是非线性的，而从隐含层空间到输出层空间变换是线性的。

RBF 神经网络中最为常用的径向基函数是高斯函数，因此，径向基神经网络的激活函数可表示为：

$$\varphi(x-c_p)=\exp\left(-\frac{1}{2\sigma_p^2}\|x-c_p\|^2\right) \tag{5-34}$$

式中，$\|x-c_p\|$ 为欧几里得范数；σ_p 为第 p 个高斯基函数 $\varphi(x-c_p)$ 的"宽度"或"平坦程度"，σ_p 越大，则以 c_p 为中心的等高线越稀疏，$\varphi(x-c_p)$ 曲线越平坦，对其他 $\varphi(x-c_p)$ 的影响也越大。

σ_p 的一种选法为：

$$\sigma_p^2=\frac{1}{M_p}\sum_{x\in\theta_p}\|x-c_p\|^2 \tag{5-35}$$

式中，M_p 为类 θ_p 中样本的个数。可见，θ_p 类所含的样本点与中心 c_p 的平均距离越大，则 $\varphi(x-c_p)$ 应该越平坦。

由 RBF 神经网络的结构，可得到网络的输出为：

$$g(x)=\sum_{p=1}^{P}w_p\varphi(\|x-c_p\|) \tag{5-36}$$

式中，$x\in R^N$，为模式向量；$\{c_p\}_{p=1}^{P}\subset R^N$ 为基函数中心向量；w_p 为权系数；φ 为选定的非线性基函数。

式（5-36）可以看作一个神经网络，输入层有 N 个单元，输入模式向量 x 由此进入网络；隐含层有 P 个单元，第 p 个单元的输入为 $h_p=\|x-c_p\|$，输出为 $\varphi(h_p)$；输出层仅有 1 个单元，输出为 $g(x)=\sum_{p=1}^{P}w_p\varphi(h_p)$。

假设给定了一组训练样本 $\{x^j, y^j\}_{j=1}^{J}\subset R^N\times R^1$；当 y^j 只取有限个值（例如，取 0，1 或±1）时，可以认为是分类问题；而当 y^j 可取任意实数时，视为逼近问题。实际运用经验表明，参数 $\sigma_p(p=1, 2, \cdots, P)$ 常可以取作同一个常数，因此 RBF 神经网络学习（或训练）的任务就是利用训练样本确定隐含层的中心向量 c_p 和隐含层到输出层的权系数 w_p，使得：

$$g(x_j)=y_j,\quad j=1, \cdots, J \tag{5-37}$$

为此，当 $J=P$ 时，可以简单地令：

$$x=x^p,\quad p=1, 2, \cdots, P \tag{5-38}$$

这时式（5-38）成为关于 $(w_1, w_2, \cdots, w_P)$ 的线性方程组，其系数矩阵如果可逆，则有唯一解。但在实践中更多的情况是 $J>P$，这时，式（5-38）一般无解，只能求近似解。

RBF 神经网络能以任意精度逼近相当广泛的非线性映射。由式（5-34）可以看出，每一个基函数 $\varphi(x-c_p)$ 都可以（以 $P=2$ 为例）由平面上一族同心圆 r_h：$\{x \in R^n \mid x-c_p=h\}$ 来表示，每一个同心圆 r_h 上的点具有相同的函数值。而整个 RBF 神经网络不外乎是由 P 族同心圆互相影响而形成的 P 族等高线来表示。

除通常所取的高斯基函数，RBF 还可以选用以下三种非线性基函数：

（1）薄板样条函数：

$$\varphi(x)=x^2\lg(x) \tag{5-39}$$

（2）多二次函数：

$$\varphi(x)=(x^2+c)^{\frac{1}{2}}, \quad c>0 \tag{5-40}$$

（3）逆多二次函数：

$$\varphi(x)=(x^2+c)^{-\frac{1}{2}}, \quad c>0 \tag{5-41}$$

一般认为，非线性函数 φ 的具体形式对 RBF 神经网络性能的影响不大。

除了具备多维非线性映射能力、泛化能力、并行信息处理能力等一般神经网络的优点外，RBF 神经网络的独特结构决定了它还具有以下优点：

第一，具有全局逼近性。RBF 神经网络是一种性能优良的前馈型神经网络，RBF 神经网络可以任意精度逼近任意的非线性函数，且具有全局逼近能力。从根本上解决了 BP 网络的局部最优问题，而且拓扑结构紧凑，结构参数可实现分离学习，收敛速度快，其学习速度可以比通常的 BP 算法提高上千倍。

第二，局部接受特性。RBF 神经网络隐含层单元的激活函数通常为具有局部接受域的函数，即仅当输入落在输入空间中一个很小的指定区域中时，隐单元才做出有意义的非零响应。因此，RBF 神经网络有时也称为局部接受域网络（Localized Receptive Field Network）。RBF 神经网络容易适应新数据，其隐含层节点的数目也即网络的结构，可以根据研究的问题，在训练过程中自适应地调整，网络的适应性更好，并且其收敛性也比 BP 网络易于保证，可以得到最优解。

第三，良好的聚类分析能力。RBF 神经网络的局部接受特性使得其决策时隐含了距离的概念，即只有当输入接近 RBF 神经网络的接受域时，网络才会对之做出响应，这就避免了 BP 神经网络超平面分割所带来的任意划分特性。

第四，隐含层函数值与网络输出呈线性关系。尽管隐含层单元函数多是非线性函数，但网络的输出是隐含层单元函数值的线性组合，并由其待定组合系数即连接权值确定。

第五，良好的自适应特性。RBF 神经网络支持有导师训练和无导师训练的综合训练方法，并且很多 RBF 神经网络支持在线和离线训练，可以动态确定网络结构和隐含层单元的数据中心和扩展常数，自组织、自适应性能比 BP 算法更好。

RBF 神经网络的优良特性使得其显示出比 BP 神经网络更强的生命力，正在越来越多的领域内替代 BP 神经网络。目前，RBF 神经网络已经成功地用于非线性函数逼近、时间序列分析、数据分类、模式识别、信息处理、图像处理、系统建模、控制和故障诊断等。

三、BPF 神经网络设计

（一）隐含层单元个数的确定

RBF 神经网络隐含层单元个数 P 的确定，其原则应该是在满足精度要求的前提下，P 越小越好。这不但减小网络成本，而且使逼近函数 $g(x)$ 减少不必要的振荡。

确定过程像确定 BP 神经网络的隐含层单元个数一样，可以从大的单元数 P 出发，逐步减小 P，直到精度要求不再满足为止；也可以从较小的 P 出发，逐步增加单元数，直到满足精度要求。

（二）基函数中心 c_p 的确定

假设 RBF 神经网络中隐单元的个数（基函数的个数）P 已经确定，则决定网络性能的关键就是 P 个基函数中心 c_p 的选取。一种广泛应用的无导师学习算法是如下的 K-均值聚类算法 I：

（1）给定训练样本 $\{x_j\}_{j=1}^{J} \subset R^N$ $(P < J)$。

（2）将聚类中心 $\{c_p\}$ 初始化（例如可选为 $\{x_i\}_{i=1}^{P}$）。

（3）将 $\{x_j\}_{j=1}^{J}$ 按距离远近向 $\{c_i\}_{i=1}^{P}$ 聚类，分成 P 组 $\{\theta_p\}_{p=1}^{P}$，若 $x_j - c_p \cdot= \min\limits_{1\leqslant p\leqslant P} x_j - c_p$，即令 $x_j \in \theta_p$。

（4）计算样本均值，作为新的聚类中心：

$$c_p = \frac{1}{M_p}\sum_{x_j \in \theta_P} x_j, \quad p = 1, 2, \cdots, P \tag{5-42}$$

（5）若新旧 $\{c_p\}_{p=1}^{P}$ 相差很小，则停止，否则转（3）。

K-均值聚类算法是循环地选取聚类中心 c_p 与聚类集合 θ_p 的一个迭代过程。（暂时）选定各中心 c_p 后，在步骤（3）中按距离远近将 x_j 向 c_p 聚类得到 θ_p 应该是十分自然的。而 θ_p 确定后，对新的中心 c_p 与 θ_p 中各个 x_j 的“总的距离”（各个距离的平方和）$\sum\limits_{x_j\in\theta_0} x_j - c_p{}^2$ 取极小，便得到确定新 c_p 的式（5-42）。这是一种竞争分类过程。在步骤（3）中竞争 θ_p 类资格获胜的各个 x_j 将对新的聚类中心 c_p 做出贡献。

下面给出另外一种 K-均值聚类算法Ⅱ：

（1）将聚类中心 $\{c_p\}$ 初始化。

（2）随机选取样本向量 x_j 。

（3）将 x_j 按距离远近向 $\{c_i\}_{i=1}^{P}$ 聚类，若 $\| x_j - c'_p \| = \min\limits_{1 \leq p \leq P} \| x_j - c_p \|$ ，即令 $x_j \in \theta_p{}'$ 。

（4）调整样本中心 $c_p{}'$（$\eta > 0$ 是选定的学习速率）：

$$c_p^{new} = \begin{cases} c_p^{old} + \eta(x_j - c_p^{old}), & p = p' \\ c_p^{old}, & p \neq p' \end{cases} \tag{5-43}$$

（5）若新旧 $\{c_p\}_{p=1}^{P}$ 相差很小，则停止，否则转（2）。

K-均值聚类算法Ⅰ和Ⅱ分别是离线和在线学习算法。

下面考虑隐单元个数 P 的确定。其原则应该是在满足精度要求的前提下，P 越小越好。这不但减小网络成本，而且使逼近函数 $g(x)$ 减少不必要的振荡。

像确定 BP 网络的隐单元个数一样，可以从大的单元数 P 出发，逐步减小 P ，直到精度要求不再满足为止。也可以从较小的 P 出发，逐步增加单元数，直到满足精度要求。

（三）基函数宽度（扩展常数）的确定

基函数宽度 σ_p 的一种选法是按式（5-35）的方式计算得到。另外，还可以根据聚类中心之间的距离确定，即：

$$\sigma = \frac{\max\limits_{i,j} c_i - c_j}{\sqrt{2M}} \tag{5-44}$$

式中，σ 为常数，即所有基函数的宽度取同一值；M 为聚类中心个数，亦即隐含层单元个数。

（四）权系数 w 的确定

确定权系数 w 时，通常要利用训练样本做有导师学习。一个简单办法是在确定 $\{c_p\}$ 之后，求如下误差函数关于 $w = (w_1, w_2, \cdots, w_P)$ 的极小：

$$E(w) = \frac{1}{2} \sum_{j=1}^{J} (y_j - g(x_j))^2 \tag{5-45}$$

这时，可以用最小二乘法、遗传算法、最速下降法等方法来统一地确定 $\{c_p, w_p, \sigma_p\}$ 等参数。

四、RBF 神经网络的改进

（一）RBF 神经网络的不足

RBF 神经网络可以根据具体问题确定相应的网络拓扑结构，具有自学习、自组织、自适应功能。它对非线性连续函数具有一致逼近性，学习速度快，可以并行高速地处理数据，可以进行大范围的数据融合。但它并非完美，还存在如下不尽如人意的缺点：

（1）对大范围函数的逼近效率低下。高斯型 RBF 决定了它只对输入空间的一个很小的局部区域做出有效响应。因此，RBF 对刻画函数的局部性质较为有效，这既是它的优点也是它的缺点。

（2）基函数中心选取的局限性。RBF 神经网络的非线性映射能力体现在隐含层基函数上，而基函数的特性主要由基函数的中心确定。在实际应用中，隐含层基函数的中心大多是在输入样本集中选取的，这在许多情况下难以反映出系统真正的输入输出关系，并且初始中心点数太多。

（3）网络模型对样本数据的依赖性。RBF 神经网络用于非线性系统建模需要解决的关键问题是样本数据的选择。在实际工程系统中，系统的信息往往只能从系统运行的操作数据中分析得到，因此如何从系统运行的操作数据中提取系统运行状况信息，以降低网络对训练样本的依赖，在实际应用中具有重要的价值。

（4）对数据的强烈依赖性。RBF 神经网络把一切问题的特征都变为数字，把一切推理都变为数值计算，其结果势必会丢失部分难以用数据表示的信息，而且当数据不充分时，神经网络就无法工作。

（二）RBF 神经网络改进算法

对于 RBF 神经网络的上述不足，人们提出了一些有益的改进方法。

1. 特殊情况下的径向基函数（RBF）设计

典型的径向基函数（RBF）只对输入空间的一个很小的局部区域做出有效响应［当 $\| x - c_p \|^2$ 较大时，$\varphi_p(x)$ 接近于零］，而 Sigmoid 函数的响应域则是无穷大。因此，RBF 对刻画函数的局部性质较为有效，而不适合于对函数的大范围逼近。

为了综合 RBF 和 Sigmoid 函数的优点，人们构造了高斯条函数，将式（5-34）改为

$$R_p(x) = \sum_{n=1}^{N} w_{pn} \exp\left[-\frac{1}{2} \left(\frac{x - c_{pn}}{\sigma_{pn}} \right)^2 \right] \tag{5-46}$$

式中，w_{pn} 为待定权系数；$c_p=(c_{p1}, c_{p2}, \cdots, c_{pn})$ 为第 p 个中心；σ_{pn} 为第 p 个中心基函数的沿第 n 个坐标轴的“宽度”。作为比较，可以将式（5-34）中的高斯函数写为：

$$R_p(x)=\exp\left[-\frac{1}{2}\sum_{n=1}^{N}\left(\frac{x_n-c_{pn}}{\sigma_p}\right)^2\right]=\prod_{n=1}^{N}\exp\left[-\frac{1}{2}\left(\frac{x_n-c_{pn}}{\sigma_p}\right)^2\right] \tag{5-47}$$

因此，在式（5-46）中，只要输入的向量 x 与中心 c_p 的任一坐标接近，则网络做出有效响应；而在式（5-34）中，只有当 x 与 c_p 的每一个坐标都接近时，网络才做出有效响应。在式（5-46）中，还可以加上一个阈值（常数项）来进一步改善性能。以地形图为例，高斯函数适合于描述凸起的山包或凹下的坑，而高斯条函数还可以描述狭长的山谷或山脊。

为优化网络结构，既可以采用逐步增加隐单元个数的办法，也可以先采用较多的隐单元，然后在不影响精度的情况下，对网络进行修剪。如对式（5-46）所定义的高斯条函数网络来说，具体可以采取：

（1）w_{pn} 变为零。

（2）去掉 c_{pn}。

（3）σ_{pn} 收缩为零。

作为对比，利用 Sigmoid 函数的 BP 网络修剪只能利用（1）。式（5-34）若像（2）或（3）那样去掉 c_p 或 σ_p 收缩为零，则第 p 个隐单元完全失效。而高斯条基函数网络则可以只使第 p 个隐单元的部分连接失效，而其他连接仍起作用。因此，就网络修剪来说，高斯条函数有更多的可调节参数，高斯条函数更为灵活。高斯条函数综合了 Sigmoid 型函数和高斯函数的优点，对许多问题显示了优越性。

2. 基于云理论的改进方法

将 RBF 聚类中心和带宽的确定问题转换为正态云参数的确定问题，进而使得 RBF 隐含层的输出结果同时具有了模糊性和随机性的特性，网络训练用样本数据原有的随机因素被顺利地传递至输出层，同时保留了 RBF 的自学习功能，从而避开了云理论应用中模糊规则提取的问题。

3. 基于遗传算法的学习算法改进方法

利用遗传算法多初值群体寻优功能，可以方便求取 RBF 网络输出层的连接权值等相关参数。

第四节　卷积神经网络

卷积神经网络（Convolutional Neural Networks，CNN）发展于一种称作神经认知机的能够体现视觉系统神经机制的神经网络模型，它的局部连接、权值共享等特点，使之更类似于生物神经网络，降低了网络模型的复杂度，减少了权值的数量。特别是，当输入为多维图像时，其优势更为明显，使图像可以直接作为网络的输入，避免了传统识别算法中复杂的特征提取和数据重建过程，现已在目标检测、图像分类、语音识别等方面取得极大成功，成为当今深度学习领域中极受关注的一种人工神经网络模型。

一、卷积神经网络模型

卷积神经网络是近年发展起来，并引起广泛重视的一种高效识别方法。本质上，卷积神经网络是一种为了处理格状输入数据而特殊设计的多层感知器网络。这种网络结构对平移具有高度不变性，对比例缩放、倾斜或者其他形式的变形也具有一定的不变性。从前馈网络的角度看，CNN 是一种特殊的前馈神经网络，通常具有较深的结构（隐含层层数较多），但其基本结构仍可分为输入层、隐含层、输出层。其隐含层主要由两种功能层组成：其一为特征提取层，每个神经元的输入与前一层的局部接受域相连，并提取该局部的特征，一旦该局部特征被提取后，它与其他特征间的位置关系也随之确定下来；其二是特征映射层，网络的每个计算层由多个特征映射组成，每个特征映射是一个平面，平面上所有神经元的权值相等。特征映射结构采用 Sigmoid 函数作为卷积网络的激活函数，使得特征映射具有位移不变性。此外，由于一个映射面上的神经元共享权值，因而减少了网络自由参数的个数。卷积神经网络中的每一个卷积层都紧跟着一个用来求局部平均与二次提取的计算层，这种特有的两次特征提取结构减小了特征分辨率。

CNN 的输入可以是经过预处理的图像，也可以是原始图像，CNN 主要用来识别位移、缩放及其他形式扭曲不变性的二维图形。由于 CNN 的特征检测层通过训练数据进行学习，所以在使用 CNN 时，避免了显式的特征抽取，而隐式地从训练数据中进行学习；再者由于同一特征映射面上的神经元权值相同，所以网络可以并行学习，这也是卷积网络相对于神经元彼此相连网络的一大优势。卷积神经网络以其局部权值共享的特殊结构在语音识别和图像处理方面有着独特的优越性，其布局更接近于实际的生物神经网络，权值共享降低了网络的复杂性，特别是多维输入向量的图像可以直接输入网络这一特点避免了特征提取和分类过程中数据重建的复杂度，同时，也使其更加适合并行计算。

二、卷积神经网络主要特征

早期的时延神经网络（Time-Delay Neural Network，TDNN），通过在时间维度上共享权值来降低网络训练过程中的计算复杂度，适用于处理语音信号和时间序列信号。CNN 受到 TDNN 的启发，采用了权值共享网络结构，使之更类似于生物神经网络，同时，模型的容量可以通过改变网络的深度和广度来调整。

（一）局部感知

卷积神经网络通过两种方式降低参数数目，第一种方式称为局部感知野。一般认为人对外界的认知是从局部到全局的，而图像的空间联系也是局部的像素联系较为紧密，而距离较远的像素相关性则较弱。因而，每个神经元其实没有必要对全局图像进行感知，只须对局部进行感知，然后在更高层将局部的信息综合起来就得到了全局的信息。网络部分连通的思想也是受启发于生物学里面的视觉系统结构。视觉皮层的神经元就是局部接受信息的（这些神经元只响应某些特定区域的刺激）。输入图像的大小为 1000×1000，设输入神经元为 1000×1000（这里假设神经元的数量和图像大小相同），如果每个神经元只和 10×10 个像素值相连，那么权值数据为 1000000×100 个参数，减少为原来的 1/1000。而那 10×10 个像素值对应的 10×10 个参数，则相当于卷积操作。

（二）参数共享

仅仅利用局部感知参数仍然过多，则需要通过第二种方式权值共享来减少参数。若每个神经元都对应 100 个参数，一共 10^6 个神经元，如果这 10^6 个神经元的 100 个参数都是相等的，则参数数目降为 100。这 100 个参数（也就是卷积操作）可以看成特征提取方式，该方式与位置无关。其中隐含的原理则是：图像一部分的统计特性与其他部分是一样的，也意味着这一部分学习的特征也能用在另一部分上，所以对于这个图像上的所有位置，都可以使用同样的学习特征。例如，从一个大尺寸图像中随机选取一个 8×8 小块作为样本，并且从这个小块样本中学习到了一些特征，这时可以把从这个 8×8 小块的样本中学习到的特征作为探测器，应用到这个图像的任意地方中去。特别是可以用从 8×8 小块的样本中所学习到的特征跟原本的大尺寸图像做卷积，从而对这个大尺寸图像上的任一位置获得一个不同特征的激活值。

（三）多卷积核

只有 100 个参数时，表明只有 1 个 100×100 的卷积核。显然，特征提取是不充分的，可以添加多个卷积核，例如，32 个卷积核，可以学习 32 种特征。

（四）池化

在通过卷积获得了特征（Features）后，可利用这些特征进行分类。理论上可以用所有提取得到的特征去训练分类器，例如，softmax 分类器，但这样会面临巨大的计算量。例如，对于一个 96×96 像素的图像，假设已经学习得到了 400 个定义在 8×8 输入上的特征，每一个特征和图像卷积都会得到一个（96−8+1）×（96−8+l）= 7921 维的卷积特征，由于有 400 个特征，所以每个样例都会得到一个 7921×400 = 3，168，400 维的卷积特征向量。学习一个拥有超过 300 万特征输入的分类器十分不便，并且容易出现过拟合。

因为图像具有一种“静态性”的属性，这也就意味着在一个图像区域有用的特征极有可能在另一个区域同样适用。因此，为了描述大的图像，可以对不同位置的特征进行聚合统计。例如，可以计算图像一个区域上的某个特定特征的平均值（或最大值）。这些概要统计特征不仅具有低得多的维度（相比使用所有提取得到的特征），同时，还会改善结果（不容易过拟合）。这种聚合的操作称为池化（Pooling），有时也称为平均池化或者最大池化（取决于计算池化的方法）。

三、卷积神经网络的数学描述

典型的卷积神经网络主要由输入图像、卷积层、采样层（池化层）、全连接层和输出层组成。下面首先对卷积计算进行介绍，然后介绍卷积神经网络各层相关的数学算法，最后介绍卷积神经网络的训练算法。

（一）卷积运算

在数学上，卷积是一种重要的分析运算。它是通过两个函数 f 和 g 生成第三个函数的一种数学算子，表征函数 f 与经过翻转或平移的函数 g 的重叠部分的面积，其计算式通常为：

$$z(t) \overset{\text{def}}{=} f(t) * g(t) = \sum_{\tau=-\infty}^{+\infty} f(\tau) g(t-\tau) \tag{5-48}$$

其积分形式为：

$$z(t) = f(t) * g(t) = \int_{-\infty}^{+\infty} f(\tau) g(t-\tau) \mathrm{d}\tau = \int_{-\infty}^{+\infty} f(t-\tau) g(\tau) \mathrm{d}\tau \tag{5-49}$$

在图像处理中，一幅数字图像可以看作一个二维空间的离散函数，记为 $f(x, y)$。假设存在二维卷积函数 $g(x, y)$，则会生成输出图像 $z(x, y)$，可用式（5-50）表示：

$$z(x, y) = f(x, y) * g(x, y) \tag{5-50}$$

这样，便可以利用卷积运算实现对图像特征的提取。同样在深度学习应用中，当输入是一幅包含 RGB 的彩色图像，图像由每一个像素点组成，则这样的输入便是一个 3×图宽度×图长度的三维数组；相应地，将卷积核作为计算参数，同样是一个三维数组。那么，在二维图像作为输入时，相应地，卷积运算可以表示为：

$$z(x, y)=f(x, y)*g(x, y)=\sum_{t}\sum_{h}f(t, h)g(x-t, y-h) \tag{5-51}$$

其积分形式为：

$$z(x, y)=f(x, y)*g(x, y)=\iint f(t, h)g(x-t, y-h)\mathrm{d}t\mathrm{d}h \tag{5-52}$$

如果给定一个尺寸为 $m\times n$ 的卷积核，则：

$$z(x, y)=f(x, y)*g(x, y)=\sum_{t=0}^{m}\sum_{h=0}^{n}f(t, h)g(x-t, y-h) \tag{5-53}$$

式中，f 为输入图像；g 为卷积核；m，n 为核的大小。

在计算机中，卷积运算的实现，通常由矩阵的乘积来表示。假设一幅图像的尺寸为 $M\times M$，卷积核的尺寸为 $n\times n$。在计算时，卷积核与图像的每个 $n\times n$ 大小的图像区域相乘，相当于把该 $n\times n$ 的图像区域提取出来，表示成一个长度为 $n\times n$ 的列向量。在 0 个零填充，步进为 1 的滑动操作中，一共可以得到 $(M-n+1)\times(M-n+1)$ 个计算结果。不失一般性，假定卷积核的个数为 K，则原始图像经上述卷积操作后得到的输出为 $K\times(M-n+1)\times(M-n+1)$，即输出为：卷积核的个数×卷积后的图像宽度×卷积后的图像长度。

（二）激活运算

从早期的人工神经网络开始，相互连接的神经节点之间通过激活函数建立起从输入到输出的映射关系，其本质是一种函数映射，对输入数据进行映射变换，提供网络的非线性建模能力。在运算过程中，逐元素计算，不改变原始数据的尺寸，即输入和输出的数据尺寸是相等的。

1. Sigmoid 类激活函数

Logistic-Sigmoid 函数、Tanh-Sigmoid 双曲正切函数作为传统神经网络中最常用的激活函数，其函数形式分别为：

$$f(x)=\frac{1}{1+\mathrm{e}^{-x}} \tag{5-54}$$

$$\tanh(x)=\frac{1-\mathrm{e}^{-2x}}{1+\mathrm{e}^{2x}} \tag{5-55}$$

这两个激活函数都具有软饱和性，Tanh-Sigmoid 函数的输出均值比 Logistic-Sigmoid 更接近于 0，使得在手写体字符识别任务中 Tanh-Sigmoid 网络的收敛速度比 Logistic-Sigmoid 网络的收敛速度更快。但这两个激活函数及其导数都呈现幕指数形式，相应地加大了网络的计算量；当采用反向传播算法训练神经网络时，其导数向后传递，先计算输出层对应的损失，然后将损失同样以导数形式不断向上一层网络传递，这两个函数的导数逐渐趋近于零，使得参数无法被更新，出现一定程度的梯度消失/弥散问题，模型的训练速度减缓，因此，在深度神经网络中逐渐被淘汰。

2. ReLU 函数

随着深度学习理论的发展，更多的非线性激活函数在卷积神经网络中表现出色。在这些非线性激活函数中，线性校正单元（Rectified Linear Unit，ReLU）在卷积神经网络中能够较好地克服梯度弥散问题，减少模型训练时间，极大地加快了模型的收敛速度，从而提高了算法的性能，因此，也得到了广泛使用。其函数形式为：

$$y=\begin{cases}x(x\geqslant 0)\\0(x<0)\end{cases}\tag{5-56}$$

ReLU 函数在 $x<0$ 时具有硬饱和性；当 $x>0$ 时，其函数导数为 1，所以 ReLU 能够在 $x>0$ 时保持梯度不衰减，从而缓解梯度消失问题。但随着训练过程的迭代推进，函数中的部分输入会落入硬饱和区，导致对应权重无法更新，这种现象被称为“神经元死亡”。面对这种问题，可以设置较小的学习率或者使用自动调节学习率的优化算法规避“神经元死亡”带来的问题。

3. PReLU 函数

PReLU 函数（Parametric Rectified Linear Unit）是在 ReLU 函数的基础上产生的，其证明了其在 ImageNet 图像分类任务中是一个关键因素。PReLU 函数是 ReLU 的改进版本，同样具有非饱和性，其函数形式为：

$$f(y_i)=\begin{cases}y_i & (y_i>0)\\ \alpha_i y_i & (y_i\leqslant 0)\end{cases}\tag{5-57}$$

与 ReLU 函数相比，PReLU 函数中在负半轴中加入可学习的斜率 α 而非固定值，当 $\alpha_i=0$ 时，PReLU 退化为 ReLU；当 α_i 是一个较小的固定值时（如 $\alpha_i=1$），则 PReLU 退化为 LeakyReLU 函数，因此 PReLU 可解释为带参数的 ReLU。尽管 PReLU 引入了少量的额外参数，但得益于 PReLU 函数的输出总是更趋近于零均值，使得梯度下降等算法优化的结果更接近于自然梯度，收敛速度更快。

4. ELU 函数

ELU 函数融合了 Sigmoid 函数和 ReLU 函数的优点，是为解决 ReLU 存在的问题而提出，具有左侧软饱和性。其函数形式为：

$$f(x)=\begin{cases}x & (x>0)\\ \alpha(e^x-1) & (x\leqslant 0)\end{cases}\tag{5-58}$$

当 $x > 0$ 时，ELU 函数呈现线性形式，且此处导数为零，使得 ELU 能够缓解梯度消失问题；当 $x < 0$ 时，其左侧软饱性对不同的输入变化具有更强的鲁棒性，不会产生“神经元死亡”问题。此外，ELU 的输出均值趋近于零，近似以零为中心（Zero-centered），所以收敛速度更快。同样，由于添加了额外的计算参数 α，增加了训练过程中的计算量。

5. MPELU 函数

MPELU 函数在 ELU 函数的基础上引入了参数 β，其函数形式为：

$$f(y_i) = \begin{cases} y_i & (y_i > 0) \\ \alpha(e^{\beta} y_i - 1) & (y_i \leqslant 0) \end{cases} \tag{5-59}$$

式中，参数 α 和 β 可以使用正则化约束。当 $\alpha = 1, \beta = 1$ 时，MPELU 函数退化为 ELU 函数；当 β 固定为较小的固定值时，MPELU 函数近似为 PReLU 函数；当 $\alpha = 0$，MPELU 函数等价于 ReLU 函数。这样使得 MPELU 函数可以同时具备 ReLU 函数、PReLU 函数和 ELU 函数的优点，具备更强的推广能力。例如，MPELU 函数具有 ELU 函数的收敛性质，能够使几十层网络在无正则化约束条件下收敛。

综上所述，面对形式各异的激活函数，如何做出选择目前尚无统一定论，仍需依靠实验指导。一般来说，在分类问题上首先尝试使用 ReLU 函数，其次可考虑使用 ELU 函数，这是两类不引入额外参数的激活函数；然后可考虑使用具备自学习能力的 PReLU 函数和 MPELU 函数，并使用正则化技术，如在网络中增加 Batch Normalization 层等。

（三）池化运算

一般情况下，卷积神经网络经常在连续的卷积层之间周期性地插入池化层。基于对“一块区域有用的图像特征极有可能在另一块区域同样适用”的认识，池化层把在语义上相似的特征合并起来，通过池化操作减少卷积层输出的特征向量，同时防止过拟合。池化单元计算特征图中一个局部块的值，相邻的池化单元通过移动一行或者一列从一小块区域上读取数据，降低了数据表达的维度，保证了数据的平移不变性，极大地减少了参数数量和网络中的计算量。

最大化池化（Max Pooling）、平均池化（Mean Pooling）和随机池化方法是目前最常见的池化方法。

最大化池化操作计算图像区域的最大值作为该区域池化后的结果值；而平均池化则计算图像区域的平均值作为该区域池化后的结果；随机池化方法的响应值则按照概率矩阵计算得到。

（四）全连接计算

全连接层出现在网络结构的最后，是一种传统的多层感知器网络。全连接层的每一个神经元与前一层的每一个神经元全连接，这也是全连接层名字的来源。全连接层的网络与 BP 网络的连接方式相同。网络最后输出的是经过分类器计算的所对应类别标签的概率。Softmax 回归分类模型常作为全连接层的最后一层，输出值为 0~1 之间的每个类别的概率。在计算机中，全连接层相当于神经节点之间做内积运算，主要涉及前向计算和后向计算两种运算。前向计算使用式（5-60）计算每个神经元的输出值，而后向计算使用式（5-61）计算每个神经元的误差项。

$$y = W^T x + b \tag{5-60}$$

$$\frac{\partial l}{\partial x} = W \times \frac{\partial l}{\partial y}，\ \frac{\partial l}{\partial w} = x \times \left(\frac{\partial l}{\partial y}\right)^T \tag{5-61}$$

式中，$y \in R^{m\times 1}$，为神经元的输出；$x \in R^{n\times 1}$，为神经元的输入；$W \in R^{n\times m}$，为该神经元的权值；b 为偏置项；l 为该层神经元。

（五）Softmax 回归

通常来说，在卷积神经网络的末尾是一个 Softmax 回归分类器。Softmax 回归是逻辑回归由二分类推广到多分类得到的。在多分类问题中，标签一般有 k 个，如对于 cifar10 图像数据，一共有 10 个类别，即 $k = 10$。由于 Softmax 回归是逻辑回归在多分类情况下的推广，下面先给出逻辑回归的内容。

假设有 m 个训练样本的训练集 $\{(x^{(1)},\ y^{(1)}),\ (x^{(2)},\ y^{(2)}),\ \cdots,\ (x^{(m)},\ y^{(m)})\}$，对于二分类的问题，$y^{(i)} \in \{0,\ 1\}$，有如下表达式：

$$p(y = 1 \mid x;\ \theta) = h_\theta(x) \tag{5-62}$$

$$p(y = 0 \mid x;\ \theta) = 1 - h_\theta(x) \tag{5-63}$$

式中，p 为概率值；θ 为需要优化的参数向量；$h_\theta(x)$ 为假设函数，由于在逻辑回归中，激励函数一般为 Sigmoid 函数，所以：

$$h_\theta(x) = g(\theta^T x) = \frac{1}{1 + e^{-\theta^T x}} \tag{5-64}$$

将式（5-62）和式（5-63）合并，得到如下等式：

$$p(y \mid x;\ \theta) = [h_\theta(x)]^y\ [1 - h_\theta(x)]^{1-y} \tag{5-65}$$

然后使用极大似然估计，计算关于参数的似然函数：

$$l(\theta) = \prod_{i=1}^{m} [h_\theta(x^{(i)})]^{y^{(i)}}\ [1 - h_\theta(x^{(i)})]^{1-y^{(i)}} \tag{5-66}$$

取对数，得：

$$\log l(\theta)=\sum_{i=1}^{m}\left[y^{(i)}\log h_\theta(x^{(i)})+(1-y^{(i)})\log(1-h_\theta(x^{(i)}))\right] \tag{5-67}$$

所以，损失函数为：

$$J(\theta)=-\frac{1}{m}\sum_{i=1}^{m}\left[y^{(i)}\log h_\theta(x^{(i)})+(1-y^{(i)})\log(1-h_\theta(x^{(i)}))\right] \tag{5-68}$$

采用梯度下降法求解 θ 的值。对 θ_j 求偏导：

$$\begin{aligned}\frac{\partial J(\theta)}{\partial\theta_j}&=-\sum_{i=1}^{m}\left\{\left[y^{(i)}\frac{1}{g(\theta^T x^{(i)})}-(1-y^{(i)})\frac{1}{1-g(\theta^T x^{(i)})}\right]g(\theta^{\mathrm{T}}x^{(i)})(1-g(\theta^{\mathrm{T}}x^{(i)}))\cdot x^{(i)}\right\}\\&=-\sum_{i=1}^{m}\left\{\left[y^{(i)}(1-g(\theta^{\mathrm{T}}x^{(i)}))-(1-y^{(i)})g(\theta^{\mathrm{T}}x^{(i)})\right]\cdot x^{(i)}\right\}\\&=-\sum_{i=1}^{m}\left\{\left[y^{(i)}-g(\theta^{\mathrm{T}}x^{(i)})\right]\cdot x^{(i)}\right\}\end{aligned} \tag{5-69}$$

所以参数向量的更新公式为：

$$\theta_j=\theta_j-\alpha\left(-\frac{1}{m}\sum_{i=1}^{m}\left\{\left[y^{(i)}-g(\theta^{\mathrm{T}}x^{(i)})\right]\cdot x^{(i)}\right\}\right) \tag{5-70}$$

可以写为：

$$\theta_j=\theta_j-\alpha\frac{1}{m}\left(\sum_{i=1}^{m}\left\{\left[g(\theta^T x^{(i)})-y^{(i)}\right]\cdot x^{(i)}\right\}\right) \tag{5-71}$$

式中，α 为学习率。

由于逻辑回归是针对二分类问题的，如果遇到了多分类的问题，那么就要使用 Softmax 回归来解决。假设有 k 个类别，则有 $y^{(i)}\in\{1, 2, \cdots, k\}$，例如在 cifar10 数据中，一共有 $k=10$ 个不同的类别。

对于给定的输入 x，需要计算它属于每一个类别 j 的概率值 $p(y=j\mid x)$，所以在 Softmax 回归中，假设函数 $h_\theta(x)$ 将会输出一个 k 维的向量来表示输入属于每一个类别的概率。定义假设函数 $h_\theta(x)$ 如式（5-72）所示。

$$h_\theta(x^{(i)})=\begin{bmatrix}p(y^{(i)}=1\mid x^{(i)};\theta)\\p(y^{(i)}=2\mid x^{(i)};\theta)\\\vdots\\p(y^{(i)}=k\mid x^{(i)};\theta)\end{bmatrix}=\frac{1}{\sum_{j=1}^{k}\exp(\theta_j^T x^{(i)})}\begin{bmatrix}\exp(\theta_1^T x^{(i)})\\\exp(\theta_2^T x^{(i)})\\\vdots\\\exp(\theta_k^T x^{(i)})\end{bmatrix} \tag{5-72}$$

式中，$\theta_1, \theta_2, \cdots, \theta_k$ 为需要学习的模型参数向量；$\frac{1}{\sum_{j=1}^{k}\exp(\theta_j^T x^{(i)})}$ 为归一化系数，保

证所有概率值之和为 1。

定义如下的示性函数：

1｛表达式的值为真｝ =i，i｛表达式的值为假｝ =0

逻辑回归的损失函数可以做如下变形：

$$J(\theta)=-\frac{1}{m}\sum_{i=1}^{m}[y^{(i)}\log h_\theta(x^{(i)})+(1-y^{(i)})\log(1-h_\theta(x^{(i)}))]$$
$$=-\frac{1}{m}\left[\sum_{i=1}^{m}\sum_{j=0}^{1}1\{y^{(i)}=j\}\log p(y^{(i)}=j\mid x^{(i)};\theta)\right] \quad (5-73)$$

式中，$\log p(y^{(i)}=j\mid x^{(i)};\theta)=\frac{e^{\theta_j^{\mathrm{T}}x^{(i)}}}{\sum_{l=1}^{k}e^{\theta_l^{\mathrm{T}}x^{(i)}}}$。

将其推广到多分类，则 Softmax 回归的损失函数如下：

$$J(\theta)=-\frac{1}{m}\left[\sum_{i=1}^{m}\sum_{j=0}^{k}1\{y^{(i)}=j\}\log\frac{e^{\theta_j^{\mathrm{T}}x^{(i)}}}{\sum_{l=1}^{k}e^{\theta_l^{\mathrm{T}}x^{(i)}}}\right] \quad (5-74)$$

计算梯度：

$$\nabla_{\theta_j}J(\theta)=-\frac{1}{m}\sum_{i=1}^{m}\left[x^{(i)}(1\{y^{(i)}=j\})-\frac{e^{\theta_j^{\mathrm{T}}x^{(i)}}}{\sum_{l=1}^{k}e^{\theta_l^{\mathrm{T}}x^{(i)}}}\right] \quad (5-75)$$

根据上面的梯度表达式，可以使用梯度下降法来最小化损失函数，参数的更新规则为 $\theta_j=\theta_j-\alpha\nabla_{\theta_j}J(\theta)$，其中 $j=1,2,\cdots,k$，α 为学习率。

（六）反向传播算法

假设有 m 个训练样本的训练集 $\{(x^{(1)},y^{(1)}),(x^{(2)},y^{(2)}),\cdots,(x^{(m)},y^{(m)}\}$，神经网络的需要学习的参数为权值向量 W 和偏置项 b，对于单独的一个训练样本 (x,y)，损失函数的定义如下：

$$J(W,b,x,y)=\frac{1}{2}\|h_{w,b}(x)-y\|^2 \quad (5-76)$$

式中，y 为真实结果；$h_{W,b}(x)$ 为神经网络的预测输出。对于包含 m 个样本的训练数据，定义整体损失函数为：

$$J(W,b)=\frac{1}{m}\sum_{i=1}^{m}J(W,b,x^{(i)},y^{(i)})=\frac{1}{m}\sum_{i=1}^{m}\left(\frac{1}{2}h_{W,b}(x^{(i)})-y^{(i)\ 2}\right) \quad (5-77)$$

需要通过优化参数 W，b 来小化损失函数 $J(W,b)$。在梯度下降算法中，按下式对参数进行更新：

$$W_{ij}^{(l)} = W_{ij}^{(l)} - \alpha \frac{\partial}{\partial W_{ij}^{(l)}} J(W, b) \tag{5-78}$$

$$b_i^{(l)} = b_i^{(l)} - \alpha \frac{\partial}{\partial b_i^{(l)}} J(W, b) \tag{5-79}$$

由于输出结果和真实值之间有一定的误差，需要计算输出值和真实值之间的误差，然后将该误差向输入层反向传播，并且根据误差来调整参数向量的值。最后不断重复上述式（5-78）、式（5-79）的过程，直至收敛或达到指定的训练步数。

反向传播算法的推导过程如下：

设 J 为损失函数，L 为神经网络的总层数，$W_{jk}^{(l)}$ 为连接第（$l-1$）层第 k 个神经元到第 l 层第 j 个神经元之间的权值向量，$b_j^{(l)}$ 代表的是第 l 层的第 j 个神经元的偏置项，$a_j^{(l)}$ 表示第 l 层的第 j 个神经元的激励输出结果，即：

$$a_j^{(l)} = f\left(\sum_k W_{jk}^{(l)} a_k^{(l-1)} + b_j^{(l)}\right) \tag{5-80}$$

其中，f 为激励函数，所以最后一层的预测输出为 $a_j^{(l)}$。$z_j^{(l)}$ 表示第 l 层的第 j 个神经元的输入值，即：$z_j^{(l)} = \sum_k W_{jk}^{(l)} a_k^{(l-1)} + b_j^{(l)}$。$z_j^{(l)}$ 表示第 l 层第 j 个神经元的残差（真实值与预测值之间的误差），即：$z_j^{(l)} = \sum_k W_{jk}^{(l)} a_k^{(l-1)} + b_j^{(l)}$，$\delta_j^{(l)}$ 表示第 l 层第 j 个神经元的残差（真实值与预测值之间的误差），即：$\delta_j^{(l)} = \frac{\partial J}{\partial z_j^{(l)}}$。

下面计算第 l 层第 j 个神经元的残差 $\delta_j^{(l)}$，推导过程如下：

$$\begin{aligned}\delta_j^{(l)} &= \frac{\partial J}{\partial z_j^{(l)}} = \sum_k \frac{\partial J}{\partial z_k^{(l+1)}} \cdot \frac{\partial z_k^{(l+1)}}{\partial a_j^{(l)}} \cdot \frac{\partial a_j^{(l)}}{\partial z_j^{(l)}} \\ &= \sum_k \delta_k^{(l+1)} \cdot \frac{\partial (W_{kj}^{(l+1)} a_j^{(l)} + b_k^{(l+1)})}{\partial a_j^{(l)}} \cdot f'(z_j^{(l)}) \\ &= \sum_k \delta_k^{(l+1)} \cdot W_{kj}^{(l+1)} \cdot f'(z_j^{(l)})\end{aligned} \tag{5-81}$$

计算权重参数 $W_{jk}^{(l)}$ 的偏导数：

$$\frac{\partial J}{\partial W_{jk}^{(l)}} = \frac{\partial J}{\partial z_j^{(l)}} \cdot \frac{\partial z_j^{(l)}}{\partial W_{jk}^{(l)}} = \delta_j^{(l)} \cdot \frac{\partial (W_{jk}^{(l)} a_j^{(l-1)} + b_j^{(l)})}{\partial W_{jk}^{(l)}} = a_k^{(l-1)} \delta_j^{(l)} \tag{5-82}$$

计算偏置计算偏置：

$$\frac{\partial J}{\partial b_j^{(l)}} = \frac{\partial J}{\partial z_j^{(l)}} \cdot \frac{\partial z_j^{(l)}}{\partial b_j^{(l)}} = \delta_j^{(l)} \cdot \frac{\partial (W_{jk}^{(l)} a_k^{(l-1)} + b_j^{(l)})}{\partial b_j^{(l)}} = \delta_j^{(l)} \tag{5-83}$$

有了这两个偏导数，就可以按式（5-78）和式（5-79）权值向量和偏置进行更新。

第六章　群集智能算法

第一节　群集智能概述

所谓群集智能指的是由众多无智能的简单个体所组成的群体，通过相互间的简单合作就能够表现出整体智能行为的特性。在自然界中，动物、昆虫常以集体的力量进行觅食和生存，生物的这种特性是在漫长的进化过程中逐渐形成的，对它们的生存和进化有着十分重要的影响，在这些群体中单个个体所表现出来的是既简单又缺乏智能的行为，而且各个个体之间的行为是相同的，但由个体组成的群体却表现出了一种既有效又复杂的智能行为。群集智能可以在适当的进化机制引导下通过个体交互以某种突现形式发挥作用，这是个体及可能的个体智能难以做到的。目前，人们对群集智能的研究尚处于初级阶段，但是它越来越受到国际智能计算研究领域学者的关注，并逐渐成为一个新的重要的研究方向。

群集智能以群体为主要载体，通过它们个体之间的间接或直接通信进行并行式问题求解。群集智能是任何受群居性昆虫群体和其他动物群体的集体行为启发而设计的算法和分布式问题解决装置的总称。群集智能的特点是最小智能但自治的个体利用个体与个体和个体与环境的交互作用实现完全分布式控制，并具有自主性、反应性、学习性和自适应性。

研究群集智能的方法多是从多 Agent 系统的观点来进行的。该观点假定多 Agent 系统中的每个个体能够感知环境，包括自身和其他 Agent 对环境的改变，Agent 间能通过环境变化来彼此间接通信。而且在一些研究中将人类社会中的一些性能移植到群集智能中去，比如假定每个 Agent 都具有“意志”“信念”，各 Agent 之间既有合作又有竞争，而且遵守各种协议等。国内外许多学者从多 Agent 系统的观点研究讨论了群集智能的性能特点，认为群集智能是由一组可相互通信，互相影响的主动和可移动的 Agent 组成，每个 Agent 只能存取局部信息，而没有中心控制和具有全局观点的个体，是一种分布式的计算环境。

最近，国内学者从进化观点的角度探讨了群集智能的现象并采用一种特殊的人工神经网络为群集智能建立了数学模型。该观点将群体看作成“离散的脑袋”，采用离散的人工神经网络来模拟该“离散的脑袋”，建立了随机（连接）神经网络的群集智能模型。具体来说，（以蚂蚁筑巢为例）就是将每只昆虫看成是一个神经元，它们之间的通信联络看成是各神经元之间的连接，但是这个连接是随机的而不是固定的。即用一个随机连接的神经网络来描述一个群体，这种神经网络所具有的性质就是群集智能。

在群集智能的研究与发展的基础上，研究者先后提出了多种群集智能优化算法，当前最典型的有遗传算法、蚁群算法、粒子群算法及鱼群算法，其为解决优化问题提供了新思维。

一、群集智能的基本概念

群集智能这个概念来自人们对自然界中的一些如蚂蚁、蜜蜂等昆虫的观察。单只昆虫的智能并不高，几只昆虫凑到一起，就可以一起往巢穴搬运路上遇到的食物。如果是一群昆虫，它们就能协同工作，建立起坚固、漂亮的居所，一起抵御危险，抚养后代。这种群居性生物的整体智能充分体现出的是一种群集智能行为。群集智能应该遵循以下五条基本原则：

第一，邻近原则。群体能够进行简单的空间和时间计算。

第二，品质原则。群体能够响应环境中的品质因子。

第三，多样性反应原则。群体的行动范围不应该太窄。

第四，稳定性原则。群体不应在每次环境变化时都改变自身的行为。

第五，适应性原则。在所需代价不太高的情况下，群体能够在适当的时候改变自身的行为。

这些原则说明实现群集智能的智能主体必须能够在环境中表现出自主性、反应性、学习性和自适应性等智能特性。但是，这并不代表群体中的每个个体都相当复杂，而事实恰恰与此相反。就像单只昆虫智能不高一样，组成群体的每个个体可能都只具有简单的智能，它们通过相互之间的合作表现出复杂的智能行为。因此，群集智能的核心是由众多简单个体组成的群体能够通过相互之间的简单合作来实现某一功能，完成某一任务。其中，简单个体是指单个个体只具有简单的能力或智能，而简单合作是指个体和与其邻近的个体进行某种简单的直接通信或通过改变环境间接与其他个体通信，从而可以相互影响、协同动作。

群体智能具有如下特点：

第一，控制是分布式的，不存在中心控制。因而它更能够适应当前网络环境下的工作状态，并具有较强的鲁棒性，即不会由于某一个或某几个个体出现故障而影响群体对整个问题的求解。

第二，群体中的每个个体都能够改变环境，这是个体之间间接通信的一种方式，这种方式被称为“激发工作”。由于群集智能可以通过非直接通信的方式进行信息的传输与合作，因而随着个体数目的增加，通信开销的增幅较小，因此，它具有较好的可扩充性。

第三，群体中每个个体的能力或遵循的行为规则非常简单，因而，群体智能的实现比较方便，具有简单性的特点。

第四，群体表现出来的复杂行为是通过简单个体的交互过程突现出来的智能，因此，群体具有自组织性。

为了进一步理解群集智能概念，可从不同的角度进行说明。

（一）从人工智能角度

人工智能学科正式诞生于20世纪50年代，但关于智能至今仍没有一个公认的定义。由于人们对智能本质有不同的理解，所以在人工智能长期的研究过程中形成了多种不同的研究途径和方法。其中主要包括符号主义、连接主义和行为主义。符号主义认为，人类智能的基本单元是符号，智能来自谓词逻辑与符号推理，其代表性成果是机器定理证明和各种专家系统。连接主义认为，智能产生于大脑神经元之间的相互作用及信息往来的过程中，因此它通过模拟大脑神经系统结构来实现智能行为，其典型代表为神经网络。行为主义模拟了人在控制过程中的智能活动和行为特性，如自寻优、自适应、自学习、自组织等，强调智能主体与环境的交互作用。行为主义与符号主义、连接主义的最大区别在于它把对智能的研究建立在可观测的具体行为活动的基础上。在行为主义人工智能系统中，每个智能体都是在逻辑上或物理上分离的个体，它们都是某一任务的执行者，而且都具有“开放的”接口，可以与其他智能体进行信息的交换。这些智能体能够自主适

应客观环境，而不依赖于设计者制定的规则或数学模型，这种适应的实质就是该复杂系统的各要素（智能体和周围环境）之间存在精确的联系。也就是说，在行为主义人工智能系统中必然存在一些协调机制，这些协调机制可以使智能主体与外界环境相适应，使智能主体的内部状态（智能主体所具有的行为，如避障、探索等）相互配合，并在多个智能主体之间产生协作。显然，协调机制的好坏直接影响着智能系统的性能，因而，寻找合理的协调机制成了行为主义人工智能的主要研究方向。群集智能是行为主义人工智能的一种代表性方法，设计行为主义人工智能系统的三条基本原则同样适用于群集智能系统的设计。这三条原则是简单性原则、无状态原则和高冗余性原则。这里，简单性原则是指群体中每个个体的行为应尽量简单，以使系统便于实现，而且更加可靠；无状态原则是指系统设计时应该使系统的内部状态与外在环境保持同步，要求所保留的状态不能在系统中长时间起作用，这就使得系统对于环境的变化和其他失误有更强的适应能力；高冗余性原则是

指系统设计时应该使系统能够与不确定因素共存，而不是消除不确定因素，这样可使智能系统的学习和进化过程保持多样性。

（二）从复杂性科学角度

复杂性科学是研究复杂系统行为与性质的科学，其目标是解答一切常规科学范畴无法解答的问题。复杂性往往是指一些特殊系统所具有的一些现象，这些系统由很多子系统组成，子系统之间相互作用，通过某种目前尚不清楚的自组织过程使得整个系统变得更加有序。对复杂性的认识有如下两个关键点：一是复杂性属于某个系统的内禀性质或特征；二是这个性质是突现的，即它是不能通过子系统的性质来预测的，是自组织过程的结果。具有此类性质的系统被称为复杂适应系统（CAS）。在 CAS 中，复杂的事物是由小而简单的事物发展而来，这种现象被称为复杂系统的涌现现象，涌现的本质就是由小生大，由简入繁。我国学者用“开放的复杂巨系统”的概念来描述具有同样一些性质的系统，这类系统包括错综复杂的社会系统、人体系统、生态环境系统等，对这些系统关键信息特征或功能特征的研究就是复杂性研究的内容，其中，包括进化和共同进化特性、适应性、自组织过程、自催化过程、临界性、多层次特性、相变及混沌的边缘等，最重要的就是宏观整体的涌现性质。与笛卡儿（René Descartes）哲学不同，复杂系统的涌现特性代表着另一种看待世界的哲学观念。以笛卡儿哲学为基础的近现代科学及文化传统强调从上到下的还原与分析方法，强调有一个中心控制单元的结构，是一种机械的观点。而复杂性研究则强调从下到上的集成方法，强调突现，这是非笛卡儿的观点。群集智能是对自然界中简单生物群体涌现现象的具体研究，因而，它从属于复杂性研究，并且遵从非笛卡儿的哲学观念。在研究群集智能时应该采取自下而上的研究策略。

二、群集智能研究方法的主要优缺点

（一）群集智能的主要优点

群集智能具有的优点如下：

（1）群体中相互合作的智能体是分布的，这样更能够适应当前网络环境下的工作状态。

（2）没有中心控制与数据，这使系统更具有鲁棒性，不会因为某一个或者某几个智能体的故障而影响整个问题的求解。

（3）可以不通过智能体间直接通信，而采用非直接通信进行合作，使系统具有更好的可扩充性。

（4）系统中每个智能体的能力非常简单，执行时间较短且实现也较容易，具有简单性。

（5）智能体相互作用能突现出整体的行为，系统所有上层智能行为都是通过智能体的基本规则相互作用产生的，因此在多任务情况下，系统对于每一子任务可以分别编制、调试、学习。

（6）群集智能系统的强大并行性大大地提高了系统的运算速度及能力。

（7）人工生命中的一个重要原则就是整体大于部分和的思想，由于群集智能的整体行为是由智能体行为突现而产生的，智能体在相互作用中的负关系将会因智能体自身的相互用规则而消减，正关系将得以增强，对于智能体之间的冲突和任务协调等问题，由底层智能体相互作用的规则解决，减少上层对智能体之间的协作、协调控制，避免了上层控制干预下层动作的情况，使得每一层次的控制任务都非常清晰，增加了系统协作协调的效率。

（二）群集智能系统的主要缺点

群集智能的研究还处于萌芽阶段，还存在很多不足，主要缺点如下：

（1）群集智能的思想是根据人们对生物群体观察得来的，是概率算法，从数学上对于它们的正确性与可靠性的证明仍比较困难。

（2）这些算法都是专用算法，一种算法只能解决某一类问题，各种算法之间的相似性很差。

（3）系统高层次的行为需要通过低层次智能体间的简单行为交互突现产生。单一个体控制的简单并不意味着整个系统设计的简单。

（4）系统设计时也要保证多个智能体简单行为交互能够突现出人们所希望看到的高层次复杂行为，这可以说是群集智能中一个极为困难的问题。

三、群集智能的底层机制

（一）自组织

自组织是一种动态机制，是由底层单元的交互而呈现出系统的全局性的结构。交互仅仅依赖于局部信息，而不依赖于全局的模式。自组织是系统自身涌现出的一种性质，系统中没有一个中心控制模块，也不存在一个部分控制另一部分的情况。自组织的特点就是通过利用同一种介质或者媒体创建时间或空间上的结构，比如，蚂蚁筑的巢、寻找食物时的路径等。正反馈群体中的每个具有简单能力的个体表现出某种行为，其会遵循已有的结构或者信息指引自己的行动，并且释放自身的信息素，这种不断的反馈能够使得某种行为得到加强。尽管一开始都是一些随机的行为，但当大量个体遵循正反馈的结果，却呈现出一种自组织结构，自然界通过系统的自组织来解决问题。人们只要理解了大自然中如何使生物系统自组织，就可以模仿该策略使系统自组织。

（二）间接通信

群体系统中个体之间如何进行交互在研究中十分关键。自然个体之间有直接的交流，如触角的碰触、食物的交换和视觉接触等，但个体之间的间接接触更加微妙，有研究者这样来描述这种机制个体感知环境，对此做出反应，又作用于环境。个体行为影响着环境，又因此影响着其他个体的行为。个体之间通过作用于环境并对环境的变化做出反应来进行合作。总而言之，环境是个体之间交流、交互的媒介。从蚂蚁觅食到蚂蚁聚集到蚂蚁搬运、筑巢，个体之间的通信机制总是离不开该机制，个体对于环境的作用，通常由各种各样的信息素来体现。

（三）涌现

群集智能中的智能就是大量个体在无中心控制的情况下体现出来的宏观有序的行为，这种大量个体表现出来的宏观有序行为被称为涌现现象。没有涌现现象，就无法体现出智能。因此，涌现是群集智能系统的本质特征。遗传算法之父约翰·霍兰（John Holland）在文献中对涌现现象进行了较为深入的探索，他认为涌现现象的本质是“由小生大，由简入繁”，并且把细胞组成生命体、走棋规则衍生出复杂的棋局等现象都视为涌现现象。他认为神经网络、元胞自动机等都可以算作涌现现象的模型。群体智能的涌现现象与系统论、复杂系统中阐述的涌现本质上是相同的，它是基于主体的涌现。[①] 20 世纪 70 年代霍夫施塔特（Richard Hofstadter）对基于主体的涌现进行了描述，即整个系统的灵活行为依赖于相对较少的规则支配的大量主体行为。研究群集智能系统，要弄清涌现现象的普遍原理，建立由简单规则控制的模型来描述涌现现象的规律。

四、群集智能不同算法的比较

自 20 世纪 90 年代以来，群集智能算法的研究引起了许多学者极大的兴趣，并出现了蚁群算法、粒子群优化算法、人工鱼群算法等一批典型的群集智能优化算法。群集智能不

---

① 金福、陈伟：《遗传算法之父——霍兰及其科学工作》，《自然辩证法通讯》2007 年第 2 期。

同优化算法的异同如下：

（一）相同点

1. 都是一类不确定的算法

不确定性体现了自然界生物的生理机制，并且在求解某些特定问题方面优于确定性算法。群集智能优化算法的不确定性是伴随其随机性而来的，其主要步骤含有随机因素，从而在算法的迭代过程中，事件发生与否带有很大的不确定性。

2. 都不依赖于优化问题本身的严格数学性质

这一特性体现在其连续性、可导性等方面。

3. 都是基于多个智能体的优化算法

群集智能优化算法中的各个智能体之间通过相互协作来适应环境，从而表现出与环境交互的能力。

4. 都具有本质并行性

本质并行性表现在两个方面：一是群集智能优化算法的内在并行性，即群集智能优化算法本身非常适合大规模并行；二是群集智能优化算法的内含并行性，这使得群集智能优化算法能以较小的计算获得较大的收益。

5. 都具有突现性

群集智能优化算法总目标的完成是在多个智能个体行为的运动过程中突现出来的。

6. 都具有自组织性和进化性

在不确定的复杂环境中，群集智能优化算法可通过自学习不断提高算法中个体的适应性。

7. 都具有鲁棒性

群集智能优化算法的鲁棒性是指在不同条件和环境下算法的适应性和有效性。由于群集智能优化算法不依赖问题本身的严格数学性质和所求问题本身的结构特征，因此，用群集智能优化算法求解许多不同问题时，只须设计相应的评价函数，而不需要修改算法的其他部分。

（二）不同点

虽然目前流行的蚁群算法、粒子群优化算法、人工鱼群算法等都属于群集智能优化算法，但是它们在算法机理、实现形式等方面仍存在许多不同之处，具体如下：

1. 蚁群算法

蚁群算法采用了正反馈机制，这是其不同于其他群集智能优化算法最为显著的一个特点。基本蚁群算法一般需要较长的搜索时间，且很容易陷入局部最优或出现停滞现象。基本蚁群算法主要用于离散空间的优化问题。蚁群算法的参数设置尚无严格的理论依据，因此更多依赖经验与实验。蚁群算法的收敛性能对初始化参数的设置比较敏感。

2. 粒子群优化算法

粒子群优化算法是一种原理相当简单的启发式算法。粒子群优化算法受所求问题维数的影响较小。粒子群优化算法也存在着一些难以解决的问题，如精度较低、易发散等。基本粒子群优化算法主要用于连续空间函数的优化问题。粒子群优化算法的数学基础比较薄弱，目前，还缺乏具有普遍意义的理论分析。

3. 人工鱼群算法

人工鱼群算法具有快速跟踪极值点漂移的能力，而且也具有较强的跳出局部极值点，获得全局极值的能力。人工鱼群算法具有对初值与参数选择不敏感、鲁棒性强、简单、易于实现等诸多特点。人工鱼群算法获取的是系统的满意解域，但对于精确解的获取，还需对其进行改进。基本人工鱼群算法主要用于连续空间函数的优化问题。当人工鱼个体数目较少时，人工鱼群算法便不能体现其快速有效的群体优势。人工鱼群算法的数学基础比较薄弱，并且目前还缺乏具有普遍意义的理论分析。

研究群集智能系统的特性与规律，是一个具有理论和应用两个方面重要意义的课程。它的研究与发展，给人工智能领域带来了新的活力，提供了解决问题的全新角度和方法，同时，由于其具有广阔的市场前景，并与人类社会经济发展密切相关，其现实意义非常明显。

（三）存在问题

经过十几年的发展，群集智能凭借其简单的算法结构和突出的问题求解能力，吸引了众多研究者的关注，并取得了一些令人瞩目的研究成果，但目前还没有形成系统的理论，还存在以下三个方面的问题：

1. 群集智能算法的理论依据源于对群居生物社会系统的模拟

由于其这一特性，从数学上对它们正确性与可靠性的证明比较困难，所能做的工作也比较少，还缺乏具备普遍意义的理论性分析，算法中涉及的各种参数设置还没有确切的理论依据，通常是按照经验型方法确定，对具体问题和应用环境的依赖性比较大。

2. 同其他的自适应问题处理方法一样

群集智能也不具备绝对的可信性，当处理突发事件时，系统的反应可能是不可测的，这在一定程度上增加了其应用的风险。

3. 群集智能与其他各种智能方法和先进技术的有机融合仍有不足

研究群集智能算法的机理，分析应用中出现的问题，改进、完善现有算法，同时结合目前突飞猛进的计算机技术，提出普适、有效的群集智能算法新方法，必将给人工智能领域带来新的活力。提供解决问题的全新角度和方法，这对群集智能方法广泛用于解决人工智能问题具有重要意义。

第二节　蚁群算法

一、蚁群算法的生物原型

（一）蚁群觅食

自然界蚂蚁的食物源总是随机分布在其巢穴周围。人们观察发现，蚁群觅食时都存在“信息激素遗留”和“信息激素跟踪”两种行为，即蚂蚁一方面会在其行走经过的路径上留下信息激素，另一方面也会按照一定的概率沿着信息激素较强的路径去寻找食物。除去激素的挥发外，路径越短的路径上积累的信息激素越多；经过一段时间后，蚂蚁总是沿着一条从巢穴到食物源的最短路径行走。当觅食过程中出现了障碍物时，蚁群也能迅速做出反应，最终沿着一条从巢穴到食物源的最短路径去搬运食物。研究人员深入观察发现，虽然自然界的蚂蚁经常更换巢穴的位置，并且是在不同的地点找到食物，但是从巢穴到食物源的路径始终是最短的。生物学家高斯（Johann Carl Friedrich Gauss）在对真实的阿根廷蚁群的觅食行为所进行的实验中也同样观察到了这个奇妙的现象。

（二）蚁群墓地构造

观察和实验表明，蚁群需要而且能够构造墓地。工蚁会将死去的蚂蚁尸体聚集在一起，最初死去的蚂蚁的尸体是随机分布的，而几个小时以后工蚁会将这些尸体逐步聚集成一系列较小的簇，这些簇周围的信息激素浓度相对较高，从而吸引蚂蚁在其周围堆积更多的尸体，最终聚集形成少数几个簇。如果场所是非空旷的，或者其中包括几种不同种群的蚂蚁，那么相应的簇就会沿着区域的边界或者种群的边界而形成。

（三）蚁群劳动分工

很多昆虫群体中存在着劳动分工现象，蚁群的劳动分工具有层次结构。第一层次的划分一般可分为从事繁殖的个体和从事日常工作的个体。对从事日常工作的个体又可以进行下一层次的划分，如可分为寻找食物的蚂蚁和建筑巢穴的蚂蚁等。蚁群劳动分工的显著特点就是由个体行为柔性产生的群体分工可塑性，即执行各项任务蚂蚁的比率在内部繁衍生息的压力和外部侵略挑战的作用下是可以变化的。令人惊奇的是，蚂蚁是在并不知晓任何关于群体需求的全局信息的情况下，自动实现群体内个体的分工，并达到一个相对平衡的。其结果不仅使得每个蚂蚁都在忙碌地工作，而且工作的分工又恰好符合群体对各项工作的要求。

生物学中一个有趣的实验也确认了这一事实。实验内容是先将一只马蜂切成三块，第二块比第一块大一倍，第三块又比第二块大一倍，然后放到蚂蚁洞附近。一段时间以后人们发现各块马蜂周围的蚂蚁数分别为 28 只、44 只和 89 只，基本也是各增加一倍。

二、基本蚁群算法的原理

随着近代仿生学的发展，人们越来越关注自然界中一些看似微不足道的生物行为。蚁群算法是一种较新型的寻优策略。与其他的智能算法相比较，有相关的计算实例表明，该算法具有良好的收敛速度，且得到的最优解更接近理论最优解。20 世纪 90 年代初期，意大利学者通过模拟自然界中蚂蚁集体寻径的行为而提出了蚁群算法（ACO），这是一种基于种群的启发式仿生进化算法。该算法最早成功应用于解决著名的旅行商问题（TSP）。其采用分布式并行计算机制，易于与其他方法结合，具有较强的鲁棒性。

蚂蚁属于群居昆虫，个体行为极其简单，但它们可以通过相互协调、分工合作完成不论工蚁还是蚁后都不可能有足够能力来指挥完成的筑巢、觅食、迁徙、清扫蚁穴的复杂行为，比如蚂蚁在觅食过程中能够通过相互协作找到食物源和巢穴之间的最短路径，而单个蚂蚁则不能。此外，蚂蚁还能够适应环境的变化，如在蚁群的运动路线上突然出现障碍物时，它们能够很快重新找到最优路径。人们通过大量研究发现，蚂蚁个体之间是通过在其所经过的路上留下一种被称为“信息素”的物质来进行信息传递的。随后的蚂蚁遇到信息素时，不仅能检测出该物质的存在及量的多少，而且还可根据信息素的浓度来指导自己对前进方向的选择。同时，该物质随着时间的推移会逐渐挥发，于是路径的长短及该路径上通过的蚂蚁的多少就会对残余的信息素的强度产生影响，反过来信息素的强弱又指导着其他蚂蚁的行动方向。因此，某一路径上走过的蚂蚁越多，则后来者选择该路径的概率就越大，这就构成了蚂蚁群体行为表现出的正反馈现象。蚂蚁个体之间就是通过这种信息交流来达到最快搜索到食物源的目的的。

蚁群算法是一种基于模拟蚂蚁群行为的随机搜索优化算法。蚂蚁在路径上前进时会根据前边走过的蚂蚁所留下的分泌物选择它要走的路径。它选择一条路径的概率与该路径上分泌物的强度成正比。因此，由大量蚂蚁组成的群体的集体行为实际上构成了一种学习信息的正反馈现象：某一条路径走过的蚂蚁越多，后面的蚂蚁选择该路径的可能性就越大。蚂蚁个体间通过这种信息的交流寻求通向食物的最短路径。蚁群算法就是根据这一特点，通过模仿蚂蚁的行为，从而实现寻优的。这种优化过程的本质如下：

（一）选择机制

分泌物越多的路径，被选择的概率越大。

（二）更新机制

路径上面的分泌物会随蚂蚁的经过而增长，而且同时也随时间的推移逐渐挥发消失。

（三）协调机制

蚂蚁间实际上是通过分泌物来互相通信、协同工作的。蚁群算法正是充分利用了这样的优化机制，即通过个体之间的信息交流与相互协作最终找到最优解，使它具有很强的发现较优解的能力。

三、蚁群优化算法的特点

从大量的实验结果和分析来看，蚁群优化系统具有如下六个特点：

（一）较强的鲁棒性

对基本的蚁群优化算法模型稍加修改，便可以应用于其他问题，并且参数的选择也比较固定。随着问题的复杂性增强，实验表明不用修改系统参数也能够得到很好的实验结果。

（二）分布式计算

蚁群算法是一种基于种群演化计算的算法，具有本质上的分布性和并行性，易于分布和并行实现。

（三）多解性

由于蚁群算法采用种群的方式进行演化计算，当种群完成一次求解后，都能提供多个近似解，这对多目标搜索或需要多个近似解作为参照的情况非常有用。

（四）易于与其他方法结合

蚁群算法很容易与其他的启发式算法（例如，神经网络、贪婪算法等）和局部搜索算法结合，以改善算法的性能。

（五）实验结果优

选择较好的实验参数，蚁群优化算法往往能够得到好的实验结果。在大多数情况下，其能够得到比遗传算法及其他算法要好的实验结果。

（六）速度快

该算法能够利用正反馈的特性很快找到较好的实验结果。

四、基本蚁群算法的基本阶段

蚁群算法包含两个基本阶段：适应阶段和协作阶段。在适应阶段，各候选解根据积累的信息不断调整自身结构，路径上经过的蚂蚁越多，信息素数量越大，则该路径越容易被选择，时间越长，信息素数量越小；在协作阶段，候选解之间通过信息交流，以期望产生性能更好的解。

五、蚁群算法的进化过程

蚁群算法是一种随机搜索算法，与其他模型进化算法一样，其通过候选解组成群体的进化过程来寻求最优解，该过程包含两个阶段：适应阶段和协作阶段。在适应阶段，各候选解根据积累的信息不断调整自身结构；在协作阶段，候选解之间通过信息交流，以期望产生性能更好的解。蚁群算法不需要任何先验知识，最初只是随机地选择搜索路径，随着系统对解空间的“了解”，搜索变得有规律，并最终达到全局最优解。

六、改进的蚁群算法

虽然蚁群算法有诸多的优点，但是它也存在一些不足之处。同其他方法相比较，该算法一般需要较长的搜索时间，这可以从其算法复杂度看出。虽然计算机计算速度的提高和蚁群算法的本质并行性在一定程度上可以缓解这一问题，但是对于大规模优化问题，这还是一个很大的障碍。另外，该算法易出现停滞现象，即搜索进行到一定程度后，所有个体所发现的解趋于一致，不能对解空间进一步进行搜索，不利于发现更好的解。在该算法中，“蚂蚁”总是依赖于其他“蚂蚁”的反馈信息来强化学习，而不去考虑自身的经验积累，这样的盲从行为，容易导致早熟、停滞现象，从而使算法的收敛速度变慢。基于蚁群算法收敛速度变慢，易导致系统陷入局部极小值的问题，对此，人们分别提出了对其的改进算法、如具有变异特征的蚁群算法，排序加权的蚁群算法等。

（一）变异蚁群算法

虽然，蚁群算法具有很强的求解能力，不容易陷入局部最优，但是由于蚁群中各个体的运动是随机的，当群体规模较大时，也很难在较短的时间内从大量杂乱无章的路径中找出一条较好的路径。为了克服计算时间较长的缺陷，受到遗传算法中的变异算子的作用的启发，人们找出了一种新的蚁群进化算法——具有变异特征的蚁群算法。该算法汲取了前两种算法的优点，在时间效率上优于蚁群算法，在求精解效率上优于遗传算法，是时间效率和求解效率都比较好的一种新的启发式方法。

由于变异的次数是随机的，这一过程所涉及的运算比蚁群算法中的循环过程要简单得多，因此变异蚁群算法只需较短的时间便可完成相同次数的运算。经过这种变异算子作用后，这一代解的性能会有明显改善，从而也能改善整个群体的性能，减少计算时间。

变异算子的引入，经过较少的进化代数就可以找到相同的较好解，大大节省了计算时间，这对于求解大规模优化问题将是十分有利的。

（二）排序加权的蚁群算法

1. 基本思想

基于排序加权的蚁群算法的基本思想为，对于每只“蚂蚁”把一次循环结束后生成的路径按照长短排序，每只“蚂蚁”对信息素更新的贡献视其在循环中生成路径的长短而定，路径越短其贡献越大，即在蚁周模型基础上对第 n 只最好“蚂蚁”的信息素更新规则加权系数，这样使得每只“蚂蚁”在全局更新策略中都做出贡献，并且依照其表现优劣而使贡献各不相同。与精英“蚂蚁”策略相比，该算法削弱了精英“蚂蚁”在信息素更新过程中起到的作用，避免了精英策略中使搜索很快集中在极优解附近，从而导致早熟收敛的问题。除此之外，该算法又使得每一只“蚂蚁”都参与到信息素更新过程中，与一般的蚁群算法相比，又提高了收敛速度，而且每只“蚂蚁”对信息素更新的贡献中所取权值为加权系数，该数列为一个等比数列，使得各个“蚂蚁”表现的优劣在更新过程中差异较大，提高了算法对较优“蚂蚁”的重视程度，而削弱对较差“蚂蚁”的重视程度，因此在一定程度上可以看作一种较好的改进算法。

2. 排序加权的蚁群算法对 BP 神经网络的优化

蚁群算法优化 BP 神经网络基本思想：针对 BP 算法容易陷入局部极小的不足，人们提出了蚁群 BP 神经网络训练方法。神经网络训练过程可看作一个最优化问题，即找到一组最优的实数权值和阈值组合，使得在此权值和阈值下的输出结果与期望结果之间的误差最小，蚁群算法成为寻找这一最优权值组合的较好选择。

排序加权蚁群算法是一种全局优化的算法，它采用了全局更新思想，并引入加权系数。因此，用它来训练神经网络的权值和阈值，可避免 BP 算法的一些缺陷。

该算法实现的步骤如下：

第一，先初始化 BP 网络结构，设定网络的输入层、隐含层、输出层的神经元个数。

第二，初始化信息素浓度、个体最优、全局最优。

第三，用确定的优化函数计算每只蚂蚁的转移概率。

第四，根据每只“蚂蚁”的转移概率得出本次最优路径（这里改进型蚁群神经网络中“蚂蚁”走过的路径为神经网络的输出误差，简称最优值），与其最优值比较，若更优，则更新最优值。

第五，将每只“蚂蚁”的最优值与整个蚁群的最优值相比较，若更优则称为整个蚁群新的最优值，从而对所有路径进行排序选出最优路径。

第六，更新每只“蚂蚁”的信息素浓度。

第七，比较次数是否达到最大迭代次数或预设的精度。若满足预设精度，算法收敛，最后一次迭代的全局最优值中每一维的权值和阈值就是人们所求的；否则返回第三，算法继续迭代。

第三节　粒子群优化算法

粒子群优化（PSO）算法是基于群体智能理论的优化算法，是一种新兴的随机全局优化技术，由埃伯哈特和克兰尼于 1995 年提出。它的基本概念源于人们对人工生命和鸟群捕食行为的研究，是基于种群的全局搜索策略。其通过种群中粒子间的合作与竞争产生群体智能指导优化搜索。

一、粒子群优化算法的生物原型

肯尼迪（Kennedy）等人通过观察鸟群觅食的协同运动，开创了粒子群优化这一新型群集智能方法的研究领域，并以此为基础提出了以下基本观点：第一，人类智能的产生源于社会交往；第二，文化和认知是人类社交的结果。①

假设一个场景：鸟群在某个区域随机搜索食物，并且这个区域里只有一块食物；所有的鸟都不知道食物的摆放之处，但知道当前位置离食物还有多远。显然，寻找该食物的最简单有效的策略就是搜索当前离食物最近的鸟的周围区域。而在这一搜索过程中，每个鸟都是根据下面三个量的“矢量和”来确定自己飞行的速率和方向。

①当前的速率和方向；②全局最优位置；③该鸟自身经历过的最优位置。基于上述场景中的搜索寻优过程所抽象形成的一类优化算法即为粒子群优化算法 PSO。

PSO 作为一个新兴的智能算法，不可避免的仍存在着不足。比如，虽然 PSO 在实际应用中证明是有效的，但是并没有给出收敛性和收敛速度估计方面的数学证明，其理论和数学基础的研究目前还不够；PSO 有时候会陷入局部最优解的问题，尤其是惯性权重对算法性能具有很大的影响。因此，应该加大 PSO 和其他算法之间的结合来更好地解决这个问题。

二、改进粒子群优化算法

（一）引导位置更新法

引导位置更改法的基本原理：基本粒子群算法存在易陷入局部最优导致的收敛速度慢、精度低等问题。影响收敛速度的一个重要原因在于其随机性较强，使寻优过程沦为“半盲目”状态，从而减缓了收敛速度。针对此问题，研究人员提出了一种引导型粒子群算法，利用数学中的外推技巧给出了两个新的粒子位置更新公式，对粒子位置更新加以引导，试图减少算法随机性以提高搜索效率。仿真结果表明，新算法在稳定性和收敛性上比基本粒子群算法有明显改进。

① 杨俊胜、沈航驰、葛鹏，等：《粒子群优化算法》，《软件》2020 年第 5 期。

外推技巧：首先利用只有一个变量的函数 $f(x)$ 来说明外推技巧。设 x_1，x_2 的函数值为 $f(x_1)$ ，$f(x_2)$ 且 $f(x_1) < f(x_2)$ ，但不是极值点，则：

$$x_3 = x_1 + k(x_1 - x_2) \tag{6-1}$$

（1）如果 $x_1 > x_2$，对于适当小的正数 k，则可以期望由式子得到 $x_1 > x_2$ 满足

$$f(x_3) < f(x_2)$$

（2）如果 $x_1 < x_2$，对于适当小的正数 k，则可以期望由式子得到满足

$$f(x_3) < f(x_2)$$

（二）权重线性调整法

在粒子群算法优化过程中，无论是早熟收敛还是全局收敛，粒子群中的粒子都会出现“聚集”现象。当某个粒子处在“最优位置”时，其余粒子会迅速地飞向该位置，可能造成所有粒子聚集在某一特定位置，或者聚集在某几个特定位置的结果。一般来说，位置取决于粒子群算法本身的特性及适应度函数的选择。

三、改进粒子群算法对 BP 神经网络的优化

（一）优化步骤

改进 PSO 作为一种新兴的进化算法，其收敛速度快、鲁棒性高、全局搜索能力强，且不需要借助问题本身的特征信息（如梯度）。将改进 PSO 与神经网络结合，用改进 PSO 算法来优化神经网络的连接权值，可以较好地克服 BP 神经网络的问题，这样其不仅能发挥神经网络的泛化能力，而且还能够提高神经网络的收敛速度和学习能力。

与遗传算法和其他智能算法比较，改进 PSO 保留了基于种群的全局搜索策略，但是其采用的速度－位移模型操作简单，避免了复杂的遗传操作如编码、交叉和变异，而是依据粒子在解空间所处的情况进行搜索，整个算法简单且易于实现，具有更快的收敛速度，是一类有着潜在竞争力的神经网络学习算法。实验表明，与遗传算法做比较，粒子群优化算法不仅使训练的收敛速度大大提高，而且其训练的神经网络的性能也显著增强。

（二）仿真结果与分析

一般而言，前向 BP 网络的隐含层节点个数 m 的取值按照经验公式来确定，即 $m = 2n + 1$ ，n 为输入层节点个数。实验中隐含层结点个数按经验公式确定初值，学习到一定次数后，如果达不到规定误差则其在初值基础上会增减隐含层节点的数目，经实验最终确

定隐含层节点数 $m = 13$。粒子的维数是神经网络所有权值、阈值的总和，由于神经网络转速辨识器为 4 个输入 1 个输出，故粒子的维数 $d = 4 \times 13 + 13 + 13 + 1 = 79$，同理可得，神经网络磁链观测器的粒子维数为 93。初始设定粒子群的粒子数为 30，w_{max} 为 0.9，w_{min} 为 0.4。

在 Matlab/Simulink 环境下建立直接转矩控制系统仿真平台，系统采样周期设定 $T = 0.1ms$，三相异步电动机的各参数为，额定功率 $P_N = 15kW$，额定电压 $V_N = 380V$，额定频率 $f_N = 50Hz$，定子电阻 $R_s = 0.435\Omega$，转子电阻尺 $R_r = 0.816\Omega$，定子电感 $L_s = 0.002H$，转子电感 $L_r = 0.002H$，定转子互感 $L_m = 0.0693H$，极对数 $P_n = 2$，转动惯量 $J = 0.0918kg \cdot m^2$。设定电动机转速 $\omega = 20rad/s$ 时，从仿真模型取 1000 组数据作为训练样本，最大训练次数设定为 1000 次，数据归一化后最小容许误差设定为 0.01。本文采用权重线性调整 PSO-BP 神经网络对样本进行训练，并和当前比较常见的两种基于梯度下降的改进方法：附加动量法优化的 BP 网络（GDM-BP）与变步长附加动量法优化的 BP 网络（AGDM-BP）进行了比较。

4 层 GDM-BP 网络和 4 层 AGDM-BP 网络的收敛速度稍快于 3 层同类网络的收敛速度，但是在训练达到 1000 步的时候都没有达到系统的最小容许误差 0.01。相较之下，权重线性调整 PSO-BP 网络即改进 PSO-BP 网络具有非常快的收敛速度，在第 129 步就达到了系统的最小允许误差要求。

第四节　人工鱼群算法

人工鱼群算法（AFSA）是计算智能领域的一种新型的群体智能优化算法，它简单、易于实现，具有广阔的应用前景。从算法的数学本质来说，人工鱼群算法的特点可以归纳为并行性、跟踪性、随机性、简单性。从算法的设计思想来说，人工鱼群算法主要来源于两个方面：一个是进化计算，一个是人工生命（AL）。从优化的角度来看，人工鱼群算法是用来解决全局优化问题的一种计算工具，这种方法模仿自然界鱼群觅食行为，采用了自下而上的寻优模式，通过鱼群中各个体的局部寻优，达到全局最优值在群体中突现出来的目的。

一、人工鱼群算法的来源

（一）进化计算

在几十亿年的自然进化过程中，生物体已经形成了一种优化自身结构的内在机制，它们能够不断从环境中学习，以适应不断变化的环境。科学家正是受到这种自然界进化过程的启发，从模拟生物进化过程入手，从基因的层次探寻人类某些智能行为发展和进化的规律，解决智能系统如何从环境中学习的问题，并最终形成了具有鲜明特色的优化方法，即进化计算。进化计算的理论基础是达尔文的进化论和孟德尔的遗传学说，它是计算机科学和生物遗传学相互结合渗透而形成的一类新的计算方法，即以进化原理为仿真数据，在计算机上实现的具有进化机制的算法。

进化计算最初具有三个分支：遗传算法、进化规划和进化策略。这三种模拟进化的优化计算方法是彼此独立发展起来的，它们的侧重点和生物进化背景不同，但它们有一个共同点，那就是它们都是借助生物进化的思想和原理来分析、解决实际问题，这种鲁棒性较强的计算算法适用面较广。近年来经过相关领域专家学者的交流和共同努力，研究领域逐渐拓宽，除了上述三种代表性的方法以外，进化计算方法还包括其他分支，遗传编程、蚁群算法、粒子群优化算法、人工鱼群算法等。

进化计算是一种基于自然选择机制下的全局性随机搜索算法。它有以下主要特点：

1. 群体搜索策略

进化算法的操作对象是由多个个体所组成的一个集合群体，群体搜索使算法得以突破邻域搜索的限制，实现整个解空间上的分布式信息探索、采集和继承。

2. 有指导搜索

指导进化计算搜索方向的主要依据就是每个群体个体的适应值的大小。在适应值的指导下，个体随着进化代数的增加而逐步逼近目标值。

3. 自适应搜索

进化算法在搜索的过程中，无须任何外在信息，仅需通过进化算子的作用，就可逐步改进群体的性能，从而使得整个算法具有自适应环境的能力。

4. 渐近式寻优

进化计算从随机产生的初始解出发，一代代反复迭代，而每代进化的结果都优于上一代，如此逐代进化，直到得出最优结果或最符合要求的结果为止。

5. 并行式搜索

进化计算的每代都是对一组群体个体同时进行的，因此是一种多点并行搜索的方法，从而大大提高了搜索的速度，并且有效扩大了搜索的范围，适宜在当代或未来以分布和并行为特征的智能计算机上发挥潜能。

6. 黑箱式结构

进化计算的进化过程中的每步进化操作都是以固定方式进行的，进化计算所要研究的只是输入和输出的问题。

7. 全局最优解

进化算法采用了多点并行搜索的方式，通过产生新个体来扩大搜索的范围，因此，搜索是在整个搜索区域的各个部分同时进行的，如此就避免了陷入局部最优解的可能，使得算法搜索出的是全局最优解或全局近似最优解。

8. 通用性进化

计算中，只是采用简单的编码技术表达问题，然后根据适应值来区分各个个体的优劣，而不需要对问题有一个固定的数学表达式。因此，进化计算是一种框架算法，最适合解决那些很难用表达式表达出来的问题。

这些特点使得进化计算能够解决那些用传统方法难以解决或根本就无法解决的复杂系统优化问题，且这种优化算法不依赖待求解问题的具体领域，不要求目标函数有明确的解析表达，对各种不同问题都有很强的鲁棒性，具有广泛的应用性。目前进化计算的理论研究正在进一步完善，应用日趋广泛，进化计算正在从单一的模拟进化算法发展成为融生命科学、统计学、人工智能和计算机科学为一体的交叉学科，其研究从原理上彻底认识了算法的内部机制，为算法的改进和应用提供了理论依据，扩展了进化算法的应用领域。

（二）人工生命

人类自诞生以来，就从未停止过对自身及所在宇宙的思考，而对生命本质的探索更是锲而不舍。人工生命是研究能够演示出自然生命系统行为特征的人造系统，即用计算机、精密机械等人工媒体构造出能够再现自然生命系统行为特征的仿真系统。现代人工生命研究是生物科学、信息科学和计算机科学等交融的学科，它的诞生和发展得益于这些学科，同时它的每一项研究成果也对这些领域产生了深远的影响。

人工生命的精髓是适者生存和自然选择，其特点是自组织、自适应、自复制、进化及突现性。人工生命系统由若干具有一些简单行为的自主体组成，通过所有自主体在底层的相互作用来生成类似生命现象的复杂行为，即突现性行为。突现性行为是一些行为在交互过程中所显现的全局性质，而该性质不受某一单独的成分控制，而是通过由下而上的综合的方法来显现出来的。进化特性表现为能适应动态变化的环境，即当无法预测的事件发生时，人工生命系统能像自然生态系统一样通过进化而适应新的环境。自复制体现在个体不断自我繁殖和进化上，而适应性是通过各子系统的相互作用及子系统与环境的相互作用表现出来的。人工生命研究的对象是行为，但不在于行为的物理特性，而主要来研究行为是如何变得智能的，行为是怎样自适应的及复杂的行为是如何出现突现性的。自组织体现在生命系统个体之间的相互局部联系上，是生命系统重要的正反馈机制，这种联系可以通过环境，也可直接交流，该行为使得系统在环境中自我生存和目标最大化。

人工生命的研究在于揭示构成生命所需的最本质特征及生命演化的最基本规律，而且通过某种易于创建和精确控制的生命形式，加快生命本身的过程。按照人工生命的生成机构，可将此分为生物体的内部系统如脑、神经系统、免疫系统、遗传系统等。除此之外，还有由在生物体和它的群体表现的外部系统如环境适应系统和遗传进化系统等。从生物体的内部和外部系统的各种信息出发，可得到人工生命的两种不同研究方法。

1. 模型法

该方法中系统根据内部和外部所表现的生命行为构造其计算机模型并在计算机上模拟实现。

2. 工作原理法

生命行为是一种表现出自律分散和非线性的行为，它的工作原理是混沌和分形。

近年来，人工生命的研究发展非常快，在某些方面的研究已与传统的生物科学形成了互补。人工生命的研究主要包括以下两个方面的内容：

第一，如何利用计算技术研究生物现象。

第二，研究如何利用生物技术优化计算问题。

目前，国际上关于人工生命的研究内容主要包括数字生命、数字社会、数字生态环境、人工脑、进化机器人、虚拟生物、进化计算等。

随着研究的进一步深入，人们从方法学的角度，总结了人工生命模型具有以下突出特征：

第一，由下而上的建模策略，属于数据驱动策略。

第二，局部的控制机制表现出并行操作特性。

第三，简单的低层次表达单元适于计算机仿真。

第四，突现性的行为过程反映了进化仿真的特点。

第五，群体的动态仿真算法。

由于这些特点，人工生命理论和方法才有别于传统的人工智能或神经网络方法。人们通过将生命现象所体现的机理在计算机中加以仿真，从而可以对涉及非线性对象的系统进行更加贴切的动态描述和动力学性能考察。

人工生命以生命现象为研究对象，以生命过程的机理及其工程实现技术为主要研究内容，以扩展人的生命功能为主要研究目标，其研究的重要意义如下：

第一，有助于创作、研制、设计和制造新的工程技术系统。

第二，可为自然生命的研究探索提供新模型、新工具、新环境。

第三，可扩展自然生命、人工进化和优生优育，可发展自然生命的新品种、新种群。

第四，可为复杂系统的研究提供新思路与新方法。

第五，会进一步激发和促进生命科学、信息科学、系统科学等学科向更深入的方向发展。

人工生命研究的重要内容和关键问题是生命信息获取、传递、变换、处理和利用过程的机理与方法，如基因信息的控制与调节过程，这正是信息科学面临的新课题，也是信息科学发展的新机遇。

二、基本人工鱼群算法

（一）基本思想

在动物的进化过程中，经过漫长的自然界优胜劣汰，形成了形形色色的觅食和生存方式，这些方式给人类解决问题的思路带来了不少启发。动物一般不具有人类所具有的复杂逻辑推理能力和综合判断能力的高级智能，它们的目的是由个体的简单行为或群体的简单行为而达到或突现出来的。动物行为具有以下六个特性：

第一，其具有物化机制，具备感官和形体的结构等。

第二，它是置身于环境的，直接与环境进行交互，既能感知环境，也能改变环境。

第三，它的行为是自适应的，通过与环境的交互作用，能够自主做出反应。

第四，能在复杂的环境中执行多任务。

第五，具备多种行为，并且能够并行分布执行。

第六，当它们被组合在一起的时候，高级智能行为往往能在其中个体的简单行为中凸显出来。

在一片水域中，生活在水中的鱼在觅食过程中会根据各区域的食物多少、其他鱼的位置等信息来进行移动。这样一般情况下水域中营养物质最多的地方会聚集较多的鱼，而营养物质较少的地方，鱼会越来越少。鱼的这种智能行为使人们联想到多峰函数的求极值问题。因此，可以构造一定数量的人工鱼，使它们执行类似实际鱼觅食的过程，经过一段时间后，人工鱼会在函数极值点处聚集，并且全局极值处会聚集较多的人工鱼，最后根据各点处人工鱼群聚集的情况来确定多峰函数的极值。根据鱼的这一特性，中国学者李晓磊等人通过构造人工鱼来模仿鱼群的觅食、聚群及追尾行为，以期完成寻优目的。人工鱼是真实鱼个体的一个虚拟实体，通常用来进行问题的分析和说明，它采用动物自治体的概念来构造。动物自治体通常指自主机器人或动物模拟实体，它主要是用来展示动物在复杂多变的环境里面能够自主产生自适应的智能行为的一种方式，人工鱼中封装了其自身数据信息和一系列行为，它可以通过感官来接收环境的刺激信息，并通过控制尾鳍来做出相应的应激活动，它采用的是基于行为的多并行通路结构。

鱼的典型行为可描述如下：

1. 觅食行为

该行为是鱼通过味觉、视觉来判断食物的位置和浓度，从而接近食物的行为。一般情况下，鱼在水中随机游动，当发现食物时，则会向着食物逐渐增多的方向快速游去。

2. 聚群行为

聚群行为是鱼在游动过程中聚集在一起来寻觅食物、躲避危害的行为。鱼聚群时所遵守的规则有三条。

（1）分隔规则

尽量避免与邻近伙伴过于拥挤。

（2）对准规则

尽量与邻近伙伴的平均方向一致。

（3）内聚规则

尽量向邻近伙伴的中心移动。

3. 追尾行为

当一条或几条鱼找到食物时，附近的鱼就会尾随而至，使远处的鱼也向食物源集中的行为称为追尾行为。

4. 随机行为

在未找到食物之前，各条鱼的游动是随机的，从而加大了找到食物的可能性。随机行为实际上是觅食行为的一种缺省。

每条人工鱼通过对环境的感知，在每次移动中经过尝试后，执行其中的一种行为。人工鱼群算法就是利用这几种典型行为从构造单条鱼底层行为做起，通过鱼群中各个体的局部寻优达到全局最优值在群体中突现出来的目的。该算法的进行就是人工鱼个体的自适应活动过程，整个过程包括觅食、聚群以及追尾三种行为，最优解将在该过程中突现出来。

其中觅食行为是人工鱼根据当前自身的适应值随机游动的行为，是一种个体极值寻优过程，属于自学习的过程；而聚群和追尾行为则是人工鱼与周围环境交互的过程。这两种过程是个体在保证不与伙伴过于拥挤，且与邻近伙伴的平均移动方向一致的情况下向群体极值（中心）移动。由此可见，人工鱼群算法也是一类基于群体智能的优化方法。人工鱼整个寻优过程中可充分利用自身信息和环境信息来调整自身的搜索方向，从而最终达到“食物”浓度最高的地方，即全局极值。

（二）人工鱼群算法描述

在人工鱼群算法中，每个备选解被称为一条人工鱼，算法中多条人工鱼共存，合作寻优（类似鱼群寻找食物）。

人工鱼群算法首先要初始化为一群人工鱼（随机解），然后通过迭代搜寻最优解，在每次迭代过程中，人工鱼通过觅食、聚群及追尾等行为来更新自己，从而实现寻优。也就是说算法的进行是人工鱼个体的自适应行为活动，即每条人工鱼根据周围的情况进行游动，人工鱼的每次游动就是算法的一次迭代。人工鱼群算法的表达形式如下：

1. 行为选择

算法根据所要解决问题的性质，对人工鱼当前所处的环境进行评价，从觅食、聚群和追尾行为中选取一种合适的行为。常用的方法有以下两种：

（1）先进行追尾行为，若没有进步则进行聚群行为，若依然没有进步则进行觅食行为。该过程就是选择较优行为前进，即任选一种行为，只要能向优的方向前进即可。

（2）试探执行各种行为。此过程中算法选择各行为中向最优方向前进最快的行为，即模拟执行聚群、追尾等行为，然后选择行动后状态较优的动作来实际执行，缺省的行为方式为觅食行为，也就是选择各行为中使得人工鱼的下一个状态最优的行为，如果没有能使下一状态优于当前状态的行为，则采取随机行为。对于此种方法，同样的迭代步数下，寻优效果更好，但计算量会增大。

2. 设立公告板

在人工鱼群算法中要设置一个公告板，用以记录当前搜索到的最优人工鱼状态及对应的适应值，各条人工鱼在每次行动后需要将自身当前状态的适应值与公告板中的适应值进行比较，如果当前状态的适应值优于公告板中的适应值，则用当前状态及其适应值取代公告板中的相应值，以使公告板能够记录搜索到当前的最优状态及该状态的适应值，即算法结束时，公告板的最终值就是系统的最优解。

人工鱼群算法通过这些行为的选择形成了一种高效的寻优策略。最终，人工鱼集结在几个局部极值的周围，且值较优的极值区域周围一般能集结较多人工鱼。

综上所述，人工鱼群算法采用了自下而上的设计思路，从实现人工鱼的个体行为出发，在个体自主的行为过程中，随着群体效应的逐步形成，而使得最终结果突现出来：算法中仅使用了目标问题的适应值，对搜索空间有一定的自适应能力；多条人工鱼个体并行的进行搜索，具有较高的寻优效率；随着工作状况或其他因素的变更造成了极值点的漂移，本算法具有较快跟踪变化的能力。总的来说，算法中对各参数的取值范围可以很宽，并且对算法的初值也基本无要求。

人工鱼群算法中，使人工鱼逃逸局部极值点达到全局寻优处的因素主要有以下五点：

（1）觅食行为中 try_ number 的次数较少时，为人工鱼提供了随机游动的机会，从而能跳出局部极值的邻域。

（2）随机步长的采用，有可能使人工鱼在前往局部极值的途中转而游向全局极值，当然也有可能在人工鱼去往全局极值的途中转而游向局部极值，一个人工鱼个体当然不好判定该极值的好坏，但对于一个群体来说，好的极值往往会具有更大的被选择概率。

（3）拥挤度因子的引入限制了聚群的规模，只有在较优处才能聚集更多的人工鱼，使得人工鱼能够在更广的范围内寻优。

（4）聚群行为能够促使少数陷于局部极值的人工鱼向多数趋向全局极值的人工鱼方向聚集，从而逃离局部极值。

（5）追尾行为加快了人工鱼向更优状态的游动，同时也能促使陷于局部极值的人工鱼追随趋向于全局极值的更优人工鱼，从而逃离局部极值域。

（三）各参数对收敛性能的影响

由于算法存在一定的随机性，在相同参数下，收敛过程和结果存在着一定的差异。寻优过程出于初值等原因往往不能百分之百找到全局最优解，只能快速找到全局最优解的邻域，并且存在收敛速度等方面的问题。

1. 视野和步长

在觅食行为中，人工鱼的个体总是尝试向更优的方向前进，这就奠定了算法收敛的基础。

人工鱼随机的巡视在其视野范围中某点的状态 x_1，若发现比当前状态 x 更好，则它就向状态 x_1的方向前进一步并到达状态 x_{next}；若状态 x_1，并不比状态 x 好，则它继续随机巡视视野范围内的其他状态；若巡视次数达到一定的次数后，仍旧没有找到更优的状态，则它就进行随机游动。

由于人工鱼每次巡视的视点都是随机的，所以不能保证每一次觅食行为都是向着更优的方向前进的，这在一定程度上减缓了收敛的速度，但是从另一方面看，这又有助于人工鱼摆脱局部极值的诱惑，从而去寻找全局极值。分析结果表明，try_ number 的次数越多，人工鱼摆脱局部极值的能力就会越弱，当然对于局部极值不是很突出的优化问题，增加 try_ number 的次数可以减少人工鱼的随机游动而提高收敛的效率。

由于视野对算法中各行为都有较大的影响，因此视野的变化对收敛性能的影响也是比较复杂的。当视野范围较小时，人工鱼的觅食行为和随机游动则比较突出；视野范围较大时，人工鱼的追尾行为和聚群行为将变得比较突出。总体来看，视野越大，越容易使人工鱼发现全局极值并收敛。

随着步长增加，对于固定步长，其收敛速度会得到一定加强，但超过一定范围后会使收敛速度减缓，步长过大时，有时会出现振荡现象而影响收敛速度；对于随机步长，有时可在一定程度上防止振荡现象发生，但会降低其对该参数的敏感度。相较而言，收敛速度最快的还是最优固定步长法。因此，对于特定的优化问题，可以考虑采用合适的固定步长或变尺度方法来提高算法的收敛速度。

2. 拥挤度因子

拥挤度因子用来限制人工鱼群聚集的规模。算法中在较优状态的邻域内希望聚集较多的人工鱼，而次优状态的邻域内希望聚集较少的人工鱼或不聚集人工鱼。

以极大值为例（极小值情况与极大值情况相反），拥挤度因子越大，则表明允许的拥挤程度越小，人工鱼摆脱局部极值的能力越强，但是收敛的速度会有所减缓，这主要因为人工鱼在逼近极值的同时，会因避免过分拥挤而随机走开或者因其他人工鱼的排斥作用，不能精确逼近极值点。由此可见，拥挤度因子的引入，一方面避免了人工鱼过度拥挤，但却有可能陷入局部极值；另一方面位于极值点附近的人工鱼，相互之间存在排斥的影响，导致它们难以向极值点精确逼近。因此，对于某些局部极值不是很严重的具体问题，可以忽略拥挤的因素，从而在简化算法的同时也加快算法的收敛速度并提高结果的精确程度。

3. 人工鱼的个体数目

人工鱼群算法是群集智能的一个应用，其中最具备特色的应该是群体概念。因此，合理选择人工鱼的个体数目对提高算法效率至关重要。在人工鱼群算法中，由一条人工鱼个体单独迭代 100 次和 10 条鱼一起迭代 10 次的效果是迥然不同的。不难理解，人工鱼的数目越多，跳出局部极值的能力越强，收敛的速度越快（从迭代次数来看），算法每次迭代的计算量也越大。因此，使用该算法过程中，在满足稳定收敛的前提下，应尽可能地减少人工鱼个体的数目。

三、改进人工鱼群算法

（一）基本人工鱼群算法的不足

人工鱼群算法虽然在一系列优化问题上取得了比较满意的效果，但还有许多需要进一步改进的地方。经过研究人员反复研究与实验发现，基本人工鱼群算法在解决实际问题时还有一些不足。

1. 步长参数对算法的收敛速度和收敛精度影响很大

采用较小的步长参数时，算法的爬坡速度很慢。采用较大的步长参数时，可能会降低算法在最优解区域内的局部搜索能力，有时会发生振荡现象，难以找出精确的最优解。

2. 难以搜索精确解

当人工鱼视野范围较小时，寻优速度慢；视野范围较大时，鱼群逐渐聚集，视野内的数目增加，但是拥挤度因子限制了人工鱼进一步聚集，人工鱼游动在满意解域内，难以进一步搜索精确解。

3. 无法充分利用有利信息

当人工鱼个体没有找到较优状态时，则会随机选择一个新的状态，产生一个新的人工鱼，跳到一个全新的区域而重新搜索，但其并没有充分利用前面已经得到的有利信息，从而导致算法计算量增加和收敛速度较慢。

（二）改进人工鱼群算法

对人工鱼群算法的改进主要有以下四个方面：

1. 变尺度步长

这里采用了变步长方式，即人工鱼根据当前的环境恶劣程度调整移动的步长，视野范围内最高浓度与人工鱼当前位置浓度差别越大，移动的步长也越大。

2. 视野自适应

视野对搜索全局最优值有着重要的作用，它决定了一条鱼周围伙伴的数目。为自动适应鱼群的聚集现象，视野随迭代次数的增加会逐渐变小。

3. 改进觅食行为

人工鱼在觅食行为中，若找不到较优方向则需要进行随机移动。这种随机移动可能远离最优值，由比较好的状态变成低劣状态，造成资源浪费。改进觅食行为具体是，随机移动若干次，如果有改善则向更好的方向游去，否则按照概率 P 向全局最优值移动一步，按照概率随机选择下一个状态。概率 P 可随机选择，也可以根据当前环境设定。这种方式既保持了全局搜索的能力，又提高了寻优效率。

4. 最优值不变

最优人工鱼在觅食行为中会随机移动若干次，如果某个方向情况有改善则向其移动一步，若是在有限次的尝试中均没有改善，则保持不变，这样既可以保持有用信息，又不降低全局搜索的能力。

四、改进人工鱼群算法优化 BP 神经网络

改进人工鱼群对于神经网络的训练过程是离线训练，训练完成后就得到一组权值和阈值，此组权值和阈值就是改进鱼群算法优化后的神经网络权值和阈值，用其构建新的神经网络，可形成神经网络速度辨识器，再嵌入实际控制系统的仿真平台中，对转速进行辨识和控制。

（一）速度辨识器的构造

异步电动机无速度传感器直接转矩控制（DTC）是交流传动的发展方向之一。有的速度辨识方法会利用 BP 神经网络模型，但由于 BP 算法本身的局限性，还存在着一些不足。

（1）学习算法的收敛速度慢。

（2）局部极小值问题。

（3）泛化能力差。

因此，可采用改进人工鱼群算法（IAFSA）取代梯度下降法，用以优化神经网络的连接权值和阈值，提高神经网络的收敛速度和学习能力，最后实现对异步电动机转速的准确辨识。仿真实验表明：IAFSA+BP 可以很快得到更好的权值和阈值，因此采用 IAFSA+BP 神经网络转速辨识器取代 DTC 系统的速度传感器的方案是可行的。

（二）BP 神经网络

BP 神经网络具有数层相连的处理单元，可连接从一层中的每个神经元到下一层的所有神经元，且网络中不存在反馈环，是常用的一种人工神经网络模型。

（三）优化过程的描述

人工鱼可以对当前网络误差进行评价，模拟执行追尾、聚群行为，选择一种能使误差

降低较快的行为执行，也可以按顺序执行行为，比如先执行追尾行为，若误差变大则执行聚群行为，缺省行为是觅食行为。

（四）优化过程的验证

1. 异步电动机的参数设置

在 Matlab/Simulink 环境下建立直接转矩控制系统仿真平台，异步电动机的各参数为：额定功率 $P_N = 15kW$，额定电压 $V_n = 380V$，额定频率 $f_n = 50Hz$，定子电阻 $R_S = 0.4358\Omega$，转子电阻 $R_r = 0.368\Omega$，定子电感 $L_s = 0.002H$，转子电感 $L_R = 0.002H$，定转子互感 $L_m = 0.06931H$，极对数 $P = 2$，转动惯量 $J = 0.198kg \cdot m^2$。

2. 数据采集

为完成神经网络的离线训练，可在直接转矩实验系统中进行数据采集得到训练的样本数据。

参考文献

[1] 郭业才. 智能计算原理与实践 [M]. 北京：机械工业出版社, 2022.
[2] 陈静, 徐丽丽, 田钧. 人工智能基础与应用 [M]. 北京：北京理工大学出版社, 2022.
[3] 李飞, 季薇. 智能信息处理与量子计算 [M]. 北京：电子工业出版社, 2022.
[4] 于海浩, 刘志坤. 大数据与人工智能技术丛书 大数据技术入门 Hadoop+Spark [M]. 北京：清华大学出版社有限公司, 2022.
[5] 何泽奇, 韩芳, 曾辉. 人工智能 [M]. 北京：航空工业出版社, 2021.
[6] 周才健, 王硕苹, 周苏. 人工智能基础与实践 [M]. 北京：中国铁道出版社, 2021.
[7] 郭军, 徐蔚然. 人工智能导论 [M]. 北京：北京邮电大学出版社有限公司, 2021.
[8] 吴陈, 王丽娟, 陈蓉, 等. 计算智能与深度学习 [M]. 西安：西安电子科学技术大学出版社, 2021.
[9] 闵庆飞, 刘志勇. 数据科学与大数据管理丛书 人工智能：技术商业与社会 [M]. 北京：机械工业出版社, 2021.
[10] 高志强, 鲁晓阳, 张荣荣. 边缘智能：关键技术与落地实践 [M]. 北京：中国铁道出版社, 2021.
[11] 段峰. 机器人工程技术丛书 智能机器人开发与实践 [M]. 北京：机械工业出版社, 2021.
[12] 丁兆云, 周鋆, 杜振国. 数据挖掘：原理与应用 [M]. 北京：机械工业出版社, 2021.
[13] 李公法. 人工智能与计算智能及其应用 [M]. 武汉：华中科技大学出版社, 2020.
[14] 王静逸. 分布式人工智能 [M]. 北京：机械工业出版社, 2020.
[15] 游晓明. 人工智能及其应用 [M]. 北京：中国铁道出版社, 2020. 09.
[16] 钟跃崎. 人工智能技术原理与应用 [M]. 上海：东华大学出版社, 2020.

[17] 陈云霁．智能计算系统［M］．北京：机械工业出版社，2020.
[18] 刘峡壁，马霄虹，高一轩．人工智能：机器学习与神经网络［M］．北京：国防工业出版社，2020.
[19] 陈敏．人工智能通信理论与算法［M］．武汉：华中科技大学出版社，2020.
[20] 赵学军，武岳，刘振晗．计算机技术与人工智能基础［M］．北京：北京邮电大学出版社，2020.
[21] 鲍劲松，武殿梁，杨旭波．基于 VR/AR 的智能制造技术［M］．武汉：华中科学技术大学出版社，2020.
[22] 曾凌静，黄金凤．人工智能与大数据导论［M］．成都：电子科技大学出版社，2020.
[23] 葛东旭．数据挖掘原理与应用［M］．北京：机械工业出版社，2020.
[24] 马小峰．区块链技术原理与实践［M］．北京：机械工业出版社，2020.
[25] 谢承旺．多目标群体智能优化算法［M］．北京：北京理工大学出版社，2020.
[26] 张明文，王璐欢．智能制造与机器人应用技术［M］．北京：机械工业出版社，2020.
[27] 徐洁磐．人工智能导论［M］．北京：中国铁道出版社，2019.
[28] 焦李成，刘若辰，慕彩红．人工智能前沿技术丛书 简明人工智能［M］．西安：西安电子科技大学出版社，2019.
[29] 焦李成．人工智能前沿技术丛书 计算智能导论［M］．西安：西安电子科技大学出版社，2019.
[30] 杨忠明．人工智能应用导论［M］．西安：西安电子科技大学出版社，2019.
[31] 孙元强，罗继秋．人工智能基础教程［M］．济南：山东大学出版社，2019.
[32] 史忠植，王文杰，马慧芳．人工智能导论［M］．北京：机械工业出版社，2019.
[33] 张向荣，冯婕，刘芳．人工智能前沿技术丛书 模式识别［M］．西安：西安电子科技大学出版社，2019.
[34] 徐克虎，孔德鹏，黄大山．智能计算方法及其应用［M］．北京：国防工业出版社，2019.
[35] 邓方，陈文颉．智能计算与信息处理［M］．北京：北京理工大学出版社，2019.
[36] 林达华，顾建军．人工智能启蒙（第 3 册）［M］．北京：商务印书馆，2019.
[37] 陈玉琨．人工智能入门（第 4 册）［M］．北京：商务印书馆，2019.
[38] 刘大琨．虚拟现实与人工智能应用技术融合性研究［M］．青岛：中国海洋大学出版社，2019.
[39] 范君艳，樊江玲．智能制造技术概论［M］．武汉：华中科技大学出版社，2019.
[40] 谭阳．人工智能技术的发展及应用研究［M］．北京：北京工业大学出版社，2019.

[41] 王艳辉，贾利民．智能运输信息处理技术［M］．北京：北京交通大学出版社，2019.
[42] 王远昌．人工智能时代：电子产品设计与制作研究［M］．成都：电子科技大学出版社，2019.
[43] 朱婕，苏磊，齐运瑞．云计算架构设计与应用技术研究［M］．延吉：延边大学出版社，2019.